佛山科学技术学院学术著作出版资助基金

内部残余应力全貌测试技术
——轮廓法

刘 川 著

科学出版社

北 京

内 容 简 介

轮廓法是一种构件内部残余应力全貌测试技术。本书系统介绍了轮廓法的基本原理、实施过程、优势及局限性、误差来源及其修正、试验及数值验证、扩展形式。重点介绍了多种加工方法(焊接、增材制造、切割等)、多种形状(管、板、T 形等)、多种金属(同种及异种金属)材料、多种规格尺寸试样(管直径达 293mm，板厚度达 55mm)的轮廓法内部应力测试应用实践，详细介绍了这些试样的测试过程，并对测试的应力结果进行了分析，为类似试样的轮廓法测试和残余应力分析提供参考。

本书可作为大学本科和专科院校焊接、材料加工等相关专业师生的参考书，也可作为科研单位、工厂企业涉及工程结构设计、产品服役性能评估、材料加工等技术人员的参考书。

图书在版编目(CIP)数据

内部残余应力全貌测试技术：轮廓法/刘川著. —北京：科学出版社，2024.3
ISBN 978-7-03-077777-5

Ⅰ. ①内… Ⅱ. ①刘… Ⅲ. ①焊接-残余应力 Ⅳ. ①TG404

中国国家版本馆 CIP 数据核字(2024)第 021316 号

责任编辑：许 蕾 曾佳佳/责任校对：郝璐璐
责任印制：赵 博/封面设计：许 瑞

科 学 出 版 社 出版
北京东黄城根北街 16 号
邮政编码：100717
http://www.sciencep.com

北京富资园科技发展有限公司印刷
科学出版社发行 各地新华书店经销
*
2024 年 3 月第 一 版 开本：720×1000 1/16
2024 年 11 月第二次印刷 印张：15
字数：300 000
定价：149.00 元
(如有印装质量问题，我社负责调换)

序　言

残余应力产生于材料、零件和装备的加工制造和服役过程,尽管其"看不见、摸不着",但对材料失效、装备可靠性、结构完整性和服役寿命及安全性影响显著。高端装备、重大工程结构的生产制造和服役性能评估越来越重视残余应力的影响。全面且准确地测试残余应力的大小和分布是评价和考量其对材料失效、装备可靠性及结构服役安全性影响的基础,也是研究残余应力形成机理、影响因素及调控有害残余应力的前提。因此可靠且全面的残余应力测试技术是高端装备和重大工程结构生产制造和安全服役的基础支撑点,也是当前的研究热点。

轮廓法是一种可获得试样内部残余应力分布全貌的破坏性测试技术。该方法将应力释放法和有限元法结合起来,可获得构件某一截面上任意位置的应力,将"看不见、摸不着"的应力可视化,具有过程简单、设备要求门槛较低、可测构件厚度范围大、不受材料组织影响、测试精度高的优势,尤其适用于大厚度试样的内部应力全貌测试。轮廓法自 2001 年出现以来受到科研和工程技术人员的广泛关注,在测试过程、数据处理方法、误差评价及应用方面开展了深入的研究。经过 20 多年的发展,轮廓法已成为评价金属构件内部残余应力的重要方法,在核电、航空、船舶、交通、能源等重要领域得到应用。囿于国内尚未有轮廓法的系统介绍专著,该应力测试技术在国内的发展和推广较为缓慢。

本书作者自 2009 年开展轮廓法的研究,结合我国重大工程的焊接残余应力检测需求进行了大量的测试实践,包括不同焊接方法(电弧焊、摩擦焊、磁脉冲焊等)、不同材料(多种钢材、钛合金、铝合金、镍基合金、锆、铜等)、不同尺寸试样(板试样厚度达 55mm,管试样直径达 293mm)、不同焊接接头形式(对接焊、堆焊、搭接、环焊缝、T 形接头等)的残余应力,还测试了激光选区熔化和电弧熔丝增材制造试样的应力分布;分析和总结了轮廓法应力测试的误差来源,提出了基于本征应变法的测试误差修正技术;提出了几种轮廓法扩展形式。本书作者将多年的轮廓法研究成果、测试实践经验以及一些研究想法进行了梳理和总结,精选部分试样的测试过程和结果进行详细介绍,同时也参阅和引用了大量国内外学者的研究成果,希望能系统介绍轮廓法应力测试技术,并抛砖引玉,吸引更多的科研技术人员参与该技术的研究和推广应用,共同推动该技术在国内的发展和应用。

本书介绍的部分内容及成果受到了国家自然科学基金(51575251)资助,本书出版得到"佛山科学技术学院学术著作出版资助基金"资助；本书中第 6、7 章所介绍的测试试样得到中国航空制造技术研究院、中国核动力研究设计院、中国核工业华兴建设有限公司、中国核工业第五建设有限公司、西安优耐特容器制造有限公司和重庆理工大学的大力支持，在此致以诚挚的感谢。

　　由于作者水平有限、时间仓促，书中难免存在疏漏，恳请读者批评和指正，以便进一步修改和完善。

刘　川

2023 年 12 月

于佛山　南海　仙溪湖畔

目　　录

扫码查看彩色原图

第3章　　　　　第6章　　　　　第7章

第1章 残余应力及其测试方法

1.1 残余应力来源和分类

残余应力是残留在构件内且无外载荷(外力或热梯度)作用时保持自相平衡的内应力。几乎所有的材料加工方法都会产生残余应力,如铸造、焊接、机加工、锻压、热处理、表面处理等方法都会在构件中产生残余应力。此外,即使无应力的零件或构件经过装配、服役后(因为服役的偶尔过载作用或服役过程修复加工等)也会产生残余应力,它源于材料、零件或装配件的不同区域之间的不协调(不匹配)永久应变。残余应力既有有害的(如拉伸残余应力与外载荷叠加超过材料的抗拉强度,造成构件断裂),也有有益的(如喷丸造成的压缩应力)。Withers[1]将残余应力的来源分为以下5类。

1. 塑性变形

材料局部区域产生塑性变形,该区域的不协调塑性应变在外载荷卸除后仍然保持了下来,最终造成材料内部产生残余应力。最简单的例子是将杆弯曲并超过其弹性极限,由此在杆中引入了塑性变形,即产生了残余应力。常见的塑性变形加工方法如碾压、拉拔、挤压、弯曲、锻压、旋压、喷丸和激光喷丸等,这些加工方法主要以塑性变形方式在构件中产生残余应力。

2. 温度不匹配

构件内的温度梯度造成热不协调应力。如淬火处理时,构件外部温度迅速降低而产生收缩,但内部材料的温度仍然较高,抵抗外部材料的收缩,最终在外部形成拉伸应力,内部形成压缩应力。当内外的温度梯度非常大,所产生的应力超过材料的屈服应力,不均匀的塑性变形就会在超过材料屈服应力的区域形成。构件内外达到均匀温度或最终冷却到室温条件后,构件内的永久不协调塑性变形就形成了残余应力。

3. 相变

材料发生相转变时,晶格从一种形式向另一种形式变化,也会在转变区域与非转变区域之间产生不协调塑性应变，因此产生残余应力。如钢的马氏体相变会在钢材中形成残余应力。

4. 焊接及其他的局部热处理

焊接以及类似加工条件下，局部区域快速熔化和冷却(固态连接方式也会在局部区域形成大温度梯度)，造成焊缝区域与周围材料形成不协调塑性应变，最终在焊缝及邻近区域产生残余应力。焊接造成的残余应力不仅仅是热应力，还包括相变应力等。

5. 复合材料和多相材料

复合材料本身组织和力学性能不均匀(如弹性模量、塑性变形行为、强度和热膨胀系数等)，因此更容易在不同区域产生不协调条件。

大多数情况下构件的残余应力是由多种因素形成的，包括热、相变、局部热、多相材料这些因素形成的各区域不协调现象。构件中的残余应力来源于一种或多种主要因素。如塑性加工方法产生的残余应力主要来源于塑性变形；熔化焊接等方法产生的残余应力来源于热应力，如果材料发生相变，也来源于相变应力；搅拌摩擦焊接等固态连接方法产生的残余应力来源于热应力和塑性变形应力；喷丸、超声冲击等表面处理方法所产生的宏观残余应力主要来源于塑性变形。

按尺度来分，残余应力可以分为三类。宏观尺度上大距离变化(几倍晶粒尺度或在毫米尺度以上的结构件)的应力为第Ⅰ类应力，也称宏观应力。例如，焊接、塑性成形、冷扩孔、喷丸等加工方式产生的残余应力为宏观应力。在晶粒尺度范围内变化的应力为第Ⅱ类应力或晶间应力，主要出现在多晶或多相材料，源于晶粒之间或相之间的塑性不均匀。在原子尺度变化的应力为第Ⅲ类应力，该类应力主要与单个晶粒内部的点缺陷或位错相关。第Ⅱ类和第Ⅲ类应力也统称为微观应力。图 1-1 所示为三类残余应力分布的尺度示意图[2]。对于两相材料，宏观应力在相之间是连续分布的，但是第Ⅱ类和第Ⅲ类应力不是连续分布的。

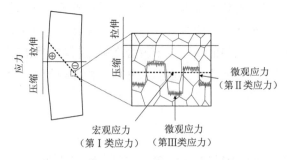

图 1-1　三类残余应力分布的尺度示意图[2]

三类残余应力也可以根据其自相平衡的长度尺寸(特征长度)来区分。宏观应力(第Ⅰ类应力)在宏观尺度的长度上自相平衡(大致为构件的长度),宏观应力可以通过连续模型来评价,忽略材料的多晶或多相属性。第Ⅱ类应力在几个晶粒长度上平衡(3～10 个晶粒尺寸),比如晶粒到晶粒的不同滑移造成的应力。第Ⅲ类应力在一个晶粒内自相平衡。工程中对构件起作用的应力主要是宏观应力,因此大多数的测试和分析都是针对宏观应力而言。对于微纳加工或微纳尺度范围内的构件或零件,或微纳尺度的薄膜应力,则需要关注第Ⅱ类和第Ⅲ类应力。尽管微观应力(第Ⅱ类和第Ⅲ类应力)在微观尺度内平衡,也有可能在宏观尺度的区域内影响宏观应力。如金属材料的热加工所造成的相变应力为第Ⅱ类应力,该类应力可能影响到宏观应力的大小;低温相变材料作为焊缝材料,焊缝金属的马氏体相变使得焊缝的宏观应力发生变化。

本书介绍的应力测试和分析方法主要针对宏观应力。

1.2 残余应力的影响

残余应力在微观尺度(原子和晶粒尺度)和宏观尺度(构件尺度)都对材料和构件产生影响。材料的失效关联到微观应力,构件的失效与宏观应力相关,但材料失效到构件失效又是相互关联的。比如,残余应力驱动的高温蠕变空洞形核与材料失效机理相关,当多个空洞联系在一起造成宏观长裂纹,最终导致构件的失效。残余应力对构件的影响主要有以下几个方面[1]。

1. 对构件承受静载能力的影响

构件中有些区域经过加工后纵向拉伸残余应力峰值较高(如焊接加工),在某些材料上可接近材料的屈服强度。当外载工作应力和拉伸应力方向一致,两者叠加后会发生局部塑性变形,材料丧失继续承受外载的能力,从而造成构件有效承载截面减小。

2. 对构件脆性断裂的影响

在实际构件中,当高强度结构钢的韧性较低时,在缺陷位置(如焊接接头处的裂纹、未熔透等)会导致构件的低应力脆性断裂,在断裂评定中必须考虑拉伸残余应力与工作应力共同作用的影响。如裂纹尖端处于残余拉应力范围内,则裂纹尖端的应力强度增大,裂纹趋于失稳扩展。裂纹有可能停止扩展或继续扩展,取决于裂纹长度、应力强度和构件运行环境温度等因素。

3. 对疲劳强度的影响

拉伸残余应力阻碍裂纹闭合，加剧应力循环损伤。当构件的拉应力使应力循环的平均值增高时，疲劳强度会降低。应力集中区的残余拉应力对疲劳的不利影响更明显。

4. 对构件刚度的影响

当工作应力为拉应力时，与构件的峰值残余拉应力相叠加会发生局部屈服，在随后的卸载过程中，构件的回弹量小于加载时的变形量，构件卸载后不能恢复到初始尺寸，这种现象降低了构件的刚度。在对尺寸精度要求较高的重要构件上，这种影响不容忽视。

5. 对构件稳定性的影响

当外载引起的压应力与残余应力叠加之和达到材料的屈服强度，这部分截面就丧失进一步承受外载的能力，削弱了构件的有效承载截面，并改变了有效截面的分布，使其稳定性有所改变。残余应力会影响构件抵抗失稳的能力，如热轧和焊接的柱状、圆盘和桶形薄壁构件。这些残余应力来自热轧加工过程或焊接。对于壳类构件，残余应力会显著降低其弹性失稳载荷，甚至在没有外载荷情况下也会发生失稳。

6. 对应力腐蚀的影响

一些焊接构件工作在有腐蚀介质的环境中，尽管外载的工作应力不一定提高，但焊接残余拉应力本身就会引起应力腐蚀开裂。这是在拉应力与化学反应共同作用下发生的，残余应力与工作应力叠加后的拉应力值越高，应力腐蚀开裂的时间越短。

7. 对构件精度和尺寸稳定性的影响

为保证构件的设计技术条件和装配精度，需要对包含残余应力的构件进行机械加工。机加工把一部分材料从构件上去除，释放掉的残余应力使构件中原有的残余应力场失去平衡而重新分布，会引起构件变形，从而影响构件精度和尺寸稳定性。

8. 对蠕变空洞的影响

蠕变是金属在长时间恒定温度和恒定载荷作用下缓慢产生塑性变形的现象。当累积蠕变应变超过材料的蠕变韧性，就会产生裂纹。蠕变应变和最终蠕变开裂受残余应力的影响。比如焊接残余应力在焊缝区域为三向应力状态，在高温条件下（如去应力热处理过程或高温服役条件下），焊接残余应力造成焊缝材料的蠕变韧性降低，会造成再热裂纹。

9. 残余应力诱导材料脆性问题[3]

残余应力诱导材料脆性现象包括：应变时效脆性，冷加工构件再加热到一临界温度范围容易产生该现象；一定环境条件下诱导的开裂，如氢致开裂和应力腐蚀开裂等。

1.3　常用残余应力测试方法

残余应力测试方法按对测试试样的破坏性程度可以分为无损检测方法、半破坏性方法和全破坏性方法。无损检测方法包括 X 射线衍射法、同步辐射 X 射线衍射法、短波长 X 射线衍射法、中子衍射法、超声波法、压痕应变法和磁性法等。半破坏性方法主要包括钻孔应变法、环芯法、逐层抛光 X 射线衍射法等。全破坏性方法主要有裂纹柔度法、深孔法、切条法、剥层法、轮廓法、深孔轮廓法等。根据测试原理又可划分为应力释放法和非应力释放法两大类。应力释放法需要加工去除一定区域材料，造成应力释放和应力重分布，测试去除材料前后的变形或应变来推导原始应力；非应力释放法不需要去除材料，通过粒子（射线、中子等）、光、电磁、超声波等在包含应力材料和无应力材料中的信号表现差异得到应力。

1. X 射线衍射法（X-ray diffraction, XRD）

X 射线衍射法是目前相对成熟且应用较为广泛的表面残余应力无损检测方法，适用具有足够结晶度，在特定波长的 X 射线照射下能得到连续德拜环的晶粒细小、无织构的各向同性多晶材料应力测试[4]。

X 射线衍射法测试应力的基础为布拉格定律。当晶体材料受到与其晶面间距相近波长的射线照射时，射线将被衍射从而形成特定的布拉格峰（X 射线在晶体上的衍射示意图如图 1-2 所示），衍射线产生的角度由布拉格衍射定律给出：

$$2d_{hkl}\sin\theta = n\lambda \quad (n = 1, 2, 3, \cdots) \tag{1-1}$$

式中，d_{hkl} 为产生布拉格峰的 $(h\,k\,l)$ 晶面间距；λ 为入射线波长；θ 为衍射角。

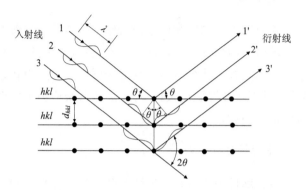

图 1-2　X 射线在晶体上的衍射示意图[2]

XRD 应力测试采用给定晶格面之间的原子间距作为弹性"应变计"。利用 X 射线对晶体晶格的衍射，基于布拉格衍射定律方程求出晶格的晶面间距，以其作为应变测量的标距，测量晶面间距在应力状态和无应力状态的变化就可确定应力的数值。

XRD 应力测试的优点有：①无损检测，不改变材料的原始状态，测试深度为 10～20μm，在研究表面强化处理工艺方面有较大的作用；②理论公式成熟，测试精度高(铝材料测试误差为 7MPa，钢材料测试误差为 20MPa，钛金属材料测试误差为 10MPa)，在应力定性定量测试方面有较好的可信度，可测试高幅值残余应力；③能测试平面双向应力，对复杂形状构件的适应性较高，可测试宏观及微观应力；④可在实验室或现场进行测试，能获得表面应力的变化梯度。

X 射线衍射法测试残余应力仍存在以下不足之处：①常规 X 射线穿透能力很弱，只能测微米级深度的表面应力；②测试精度受晶粒尺寸影响较大，若晶粒尺寸太大则难以获取其衍射峰，若晶粒度过小则导致衍射峰展宽，均会显著降低测量精度；③测试结果受表面质量影响较大，对表面状态要求较高，要求表面没有污垢、厚氧化层及附加应力层等，一般采用电解抛光法处理表面；④若表面质量处理不当，则难以获取理想的残余应力数据。

2. 同步辐射 X 射线衍射法(synchrotron radiation X-ray diffraction)

同步辐射 X 射线衍射和传统 X 射线衍射法的基本原理同为布拉格衍射定律。但同步辐射 X 射线的强度更高，能量也更大，能以毫米数量级穿透更深的材料。该方法依赖于同步辐射光源，通常使用能量大于 50keV 的 X 硬射线。传统的 X

射线衍射使用能量范围为 18～50keV 的 X 软射线。

相比于传统 X 射线衍射，同步辐射光源具有光谱连续、频谱范围宽、高亮度、高度偏振性、准直性好、有时间结构等优势，可获得高分辨率、高精度的衍射数据。同步辐射 X 射线衍射法是测定表面以下几十到几百微米深度范围内残余应力的理想手段[5]。

同步辐射 X 射线衍射法的优点有：①无损检测(但需要截取无应力试样或加工入射窗口)；②测试深度大，测试钢材可达 20mm 深，铝材可达 100mm 深；③能测试三向应力，规范体积(gauge volume)小于 1mm^3，适用测试大梯度变化应力；④可测试高幅值应力和形状复杂构件的应力；⑤对表面质量要求不高；⑥测试精度高，铝材料的测试误差为 10MPa，钢材料的测试误差为 30MPa，钛材料的测试误差为 15MPa；⑦可测试宏观应力和微观应力。

同步辐射 X 射线衍射法的不足有：①仅能在实验室测试，对试样的尺寸和重量有限制；②仅适合测试多晶材料；③测试准确性受晶粒尺寸和织构的影响；④测试前的准备时间较长。

3. 短波长 X 射线衍射法(short-wavelength X-ray diffraction, SXRD)

短波长 X 射线衍射法的测试原理和 X 射线衍射法及同步辐射 X 射线衍射法一致，利用比连续谱强 1000 倍的短波长特征 X 射线 WKα(采用重金属 W 靶 X 射线管和高压 225kV 的 X 射线机作为光源)和新颖的光路实现了几十毫米的入射深度，从而能够测试厘米级厚度材料内部物相、织构、应力等的无损检测分析[6]。

4. 中子衍射法(neutron diffraction, ND)

中子衍射法可用于测定材料内部和近表面的应力，测量时将样品或工程部件运送到中子源处，测量得到弹性应变，然后再转换为应力[7]。中子衍射法测试残余应力的基本原理与 X 射线衍射法相同，一束波长为 λ 的中子束通过多晶材料时，在晶面间距满足布拉格衍射定律的位置出现衍射峰。在恒定波长模式下，残余应力的存在会改变衍射峰的峰形(偏移或宽化)，进而可根据衍射峰角度的变化确定弹性应变值。在飞行时间模式下，布拉格角保持不变，此时可根据波长变化确定应变，最终采用广义胡克定律计算相应的应力。通过平移被测样品或部件穿过中子束，可以测得不同位置的应变，获得不同位置的应力[8]。

中子的穿透能力可达厘米级，能够用于探测大块材料内部的残余应力分布。中子衍射方法能够获取一维、二维和三维的残余应力分布；可测试微观应力和宏观应力，能测试高幅值残余应力；该测试方法对表面质量不敏感，测试精度较高(铝材料的测试误差为 10MPa，钢材料的测试误差为 30MPa，钛金属材料的测试误差为 15MPa）。但中子衍射法测试精度受到材料微观组织、中子穿透能力等的限制。由于中子衍射残余应力测试依赖于中子源，耗时较长且费用较高，测试设备为大型装置、不具有便携性；此外，中子衍射不适合测试表面应力，且测试试样尺寸和重量受限。

5. 超声波法（ultrasonic method）

超声波在材料中传播的速度受材料中应力的方向和幅值影响，因此材料中的应力幅值和方向可以通过准确测试超声波在含应力材料和无应力材料中的传播时间来计算。可采用对应力变化敏感的临界折射纵波（L_{cr}），利用其传播速度与应力的线性关系来获取残余应力[9]；也可利用超声体波（纵波和横波检测方法结合）在未获知构件厚度或轴向尺寸的前提下获得超声纵波和横波传播方向上的应力状态和数值[10]。

超声波法应力测试的优势有：①无损检测，可在实验室和现场进行测试，②可测试三向应力，可测试高幅值应力；③重复性好、测量速度快，可用于多种材料的应力测试。

超声波法应力测试的不足有：①需要无应力试样来提供绝对应力测试，制作一个无应力（或已知初始应力）且与材料实际加工处理十分接近的标样，以获得必需的声弹性特征值比较困难[11]；②对材料微观组织变化非常敏感，多晶材料的不同晶粒取向和加工材料过程中产生的各种组织缺陷（包括织构、位错密度和晶粒大小等）所引起的声波双折射效应与应力引起的双折射效应属于同一个数量级，因此必须将干扰声速的因素与应力因素区分后才能保证测量的准确度[11]；③超声波应力测试获得的是较大区域的应力平均值，测试结果的空间分辨率低；④沿构件厚度测试应力时，需要厚度方向上的两表面相互平行；⑤不能测试复杂形状构件的应力；⑥对表面质量要求较高，在材料内部，超声波声速对应力的响应较为微小。

6. 钻孔应变法（hole-drilling strain-gauge method, HD）

钻孔应变法是在要测试残余应力的部位用钻孔工具加工一个小孔，测量出小孔附近因材料去除导致应力释放而引起的应变变化，通过弹性力学计算即可换算出小孔位置原始的残余应力值。该方法可测定各向同性线弹性材料近表面的残余应力[12]。钻孔应变法又称小孔法、盲孔法（通孔法）和中心孔法。该方法基本原理如图 1-3 所示。假设一个各向同性的平板中存在残余应力场，在平板上钻一个小孔，小孔区域的各向应力因材料去除而释放，造成孔区域附近应力重新分布，钻孔后应力的变化就是释放应力；根据应变花获得应力释放引起的应变大小，就能计算出该释放应力。该方法具有技术成熟、测试精度较高、易于现场操作等特点，且构件破坏较小，因此工程上应用较广。但其测量精度受很多因素的影响，这些因素包括：应变花粘贴质量、钻孔是否存在偏心、钻削附加应变等。

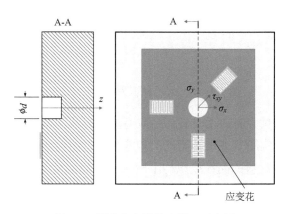

图 1-3　钻孔应变法基本原理示意图

钻孔应变法为半破坏性方法，对组织不敏感，可测试大晶粒材料的应力，适合各种金属材料，没有根据材料选择配件的需求。

7. 逐级钻孔法(incremental hole-drilling method, IHD)

逐级钻孔法(又可称为增量钻孔法、逐层钻孔法)的基本思想是使不同深度上的残余应力逐步释放(相同位置多次钻孔，每次增加一定深度)，测量每次钻孔后释放后的表面应变，通过表面应变计算相应的逐级深度内部应力。如图 1-4 所示的钻孔直径 d，最大孔深为 h_{max}，经过 N 次钻孔达到最大孔深，第 n 次钻孔与第 $n-1$ 次钻孔的深度差为 Δh_n，通过应变花记录每次钻孔后的应变值 ε_n，最终获得沿钻孔深度上的应力分布[13]。这种方法可以测量浅表层的非均匀内部残余应力分布，适合测量内部应力剧烈变化的应力场，已经广泛应用于测量淬火、喷涂、焊接及喷丸等工艺形成的表面层应力。逐级钻孔法是钻孔应变法的改进方法，由于逐级钻孔，应变花测量的应变变化存在前一次钻孔释放应力后的重分布应力以及孔的变形等因素，因而数据分析和测量过程有所不同。

逐级钻孔法和钻孔应变法属同一种方法，测试原理和方法相同。工程中常用的钻孔应变法为一次钻孔达到最大孔深的方式，所得到的应力为钻孔深度内的平均应力。现行标准[12,14]将这两种方法都归为钻孔应变法。

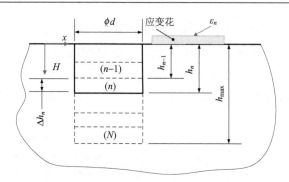

图 1-4　逐级钻孔法应力测量示意图[13]

逐级钻孔法的优点有：①半破坏性应力测试方法，可以在构件服役不同阶段重复测试；②可在实验室或现场测试；③能测试平面双向应力；④适用金属和非金属材料，对构件材料的晶粒或织构不敏感；⑤测试精度较高，铝及铝合金材料误差约为 10MPa，钢材料约为 30MPa，钛金属材料为 15MPa；⑥操作简单便捷，相对较经济；⑦可测试表面处理形成的近表面应力。

逐级钻孔法的缺点有：①半破坏性，需要对所钻孔进行修补或针对模拟件测试；②采用标准应变计时最大测试深度为 2mm；③无法测试厚度方向应力（z 方向应力）；④当测试应力值超过 80%屈服强度时，误差增加；⑤表面需要仔细清理；⑥对应变响应曲线高度依赖；⑦来源于深度上的应力释放，但测试表面的应变变化，因此造成一定误差；⑧测试结果对应变花中心和钻孔中心的同心度高度敏感。

由于应变花粘贴精度、钻孔与应变花同心度影响了钻孔法的测试精度，近年来发展了不同的应变获取方法取代传统的应变花，如云纹干涉法（Moiré interferometry）、电子散斑干涉测量法（electronic speckle pattern interferometry, ESPI）、数字图像相关法（digital image correlation, DIC）等[15]。

8. 压痕应变法（indentation strain-gauge method）

在平面应力场中，由压入球形压痕产生的材料流变会引起受力材料的松弛变形（拉应力区域材料缩短，压应力区域材料伸长），与此同时，由压痕自身产生的弹塑性区及周围的应力应变场在残余应力的作用下也要产生相应变化。这两种变形行为叠加所产生的应变变化量可称为叠加应变增量（简称应变增量）。利用球形压痕诱导产生的应变增量求解残余应力的方法叫作压痕应变法。

该方法采用电阻应变花作为测量用的敏感元件，在应变栅轴线中心通过机械加载制造一定尺寸的压痕，应变记录仪记录应变增量数据，利用事先对所测材料标定得到的弹性应变与应变增量关系获取残余应变大小，再利用胡克定律求出残余应力[16]。

压痕应变法属于一种微损的应力测量技术，可避免工程部件因有损性测试方法造成的破坏，其测试原理如图 1-5 所示。

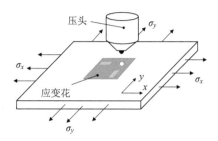

图 1-5　压痕应变法应力测试原理[16]

在压痕应变法测试中，塑性区的大小严重影响测试结果的精度，应保证其与应变敏感元件的测试区域保持合理的距离；同时需确立应变增量与残余应力合理的函数关系以及应变增量与材料特性间的关系，从而高效准确地完成结构表面残余应力的测试。

9. 逐层抛光 XRD 法（layer-removal XRD）

XRD 法仅能测试试样几十微米深度应力值。将 XRD 法和逐层电解抛光法结合，在相同测试点采用电解抛光逐层去除一定厚度材料后再用 XRD 法测试新的表层应力，这样能达到 XRD 测试一定深度应力的目的。电解抛光法采用电解方法去除材料，且不引入加工应力，去除材料厚度可根据抛光时间来控制（可达 0.01mm）。这种逐层抛光 XRD 法适合测试幅值较高且在一定深度剧烈变化的表层应力，如超声冲击处理、喷丸等表面强化方法造成的表层应力，能精细反映出表层应力随深度的大梯度变化。

随着抛光深度增加，材料去除会造成剩余材料内部应力的重分布，所测试的应力不再是原始的应力（重分布后的应力）。对于大梯度变化应力，采用逐层抛光 XRD 法测试，原始应力与重分布应力的差值可能会达到 300～400MPa。因此，为了准确获得电解抛光前残余应力沿深度的分布情况，必须对逐层抛光后测试的应力数值进行修正。修正的原理和步骤介绍如下。

逐层抛光 XRD 法测试误差修正的假设条件包括[17,18]：①逐层抛光去除薄层材料导致的应力释放为弹性释放，整个过程无塑性变形产生；②逐层抛光法不会产生新的应力；③整个去除层内的应力是恒定的（与去除层厚度和应力变化梯度相关，对于电解抛光，每次去除材料层厚度为 0.05～0.2mm，可认为去除材料层厚度足够小，该层内的应力恒定）；④一个方向应力释放和重分布仅受去除材料层该方向的应力影响（非耦合效应）。

去除一层材料后构件中应力变化示意如图 1-6 所示。图 1-6 中，σm_s 为在 s 层顶部测试的应力，假设该值在去除材料层厚度范围内为恒定值。σd_s 和 σd_{s-1} 分别为去除 s 层材料和 $s-1$ 层材料后在 d 深度的实际应力（重分布后的应力）。去除材料 s 层（第 s 步材料去除）后，d 深度的应力变化为

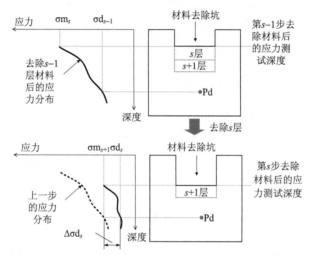

图 1-6　去除一层材料后的应力变化示意图[17]

$$\Delta\sigma d_s = \sigma d_s - \sigma d_{s-1} = -K_{ds}\sigma m_s \tag{1-2}$$

式中，K_{ds} 为材料去除第 s 步时，深度 d 位置的应力修正系数，该系数只与试样和去除材料层的形状相关，与试样内的应力无关。因此，K_{ds} 可以通过有限元方法在试样中施加任意已知应力，计算逐层去除后的应力变化来获得。第一次测量点的修正系数值为 0。对于深度 d 的应力，其修正应力 σc_d 可以通过该深度的测试应力 σm_d 和去除材料到深度 d 之前的所有去除材料步应力修正系数来计算，即

$$\sigma c_d = \sigma m_d + \sum_{s=1}^{d-1} K_{ds}\sigma m_s \tag{1-3}$$

式 (1-3) 可以应用于任意方向的应力修正。对于 n 点测试，可以写成矩阵形式：

$$\boldsymbol{\sigma c} = \boldsymbol{\sigma m} + \boldsymbol{K}\boldsymbol{\sigma m} = (\boldsymbol{I} + \boldsymbol{K})\boldsymbol{\sigma m} \tag{1-4}$$

式中，$\boldsymbol{\sigma c}$ 和 $\boldsymbol{\sigma m}$ 为列矢量，分别表示从深度 1 到 n 的修正应力和测试应力。$\boldsymbol{K}$ 为应力松弛系数矩阵（又称为应力修正系数矩阵）。因为去除材料层仅对剩余材料内的应力有影响，$\boldsymbol{K}$ 为下三角矩阵，即

$$\boldsymbol{K} = \begin{bmatrix} 0 & 0 & 0 & 0 & 0 & \cdots & 0 & 0 \\ 0 & K_{11} & 0 & 0 & 0 & \cdots & 0 & 0 \\ 0 & K_{21} & K_{22} & 0 & 0 & \cdots & 0 & 0 \\ 0 & K_{31} & K_{32} & K_{33} & 0 & \cdots & 0 & 0 \\ \vdots & \vdots & \vdots & \vdots & \vdots & & \vdots & \vdots \\ 0 & K_{d-1,1} & K_{d-1,2} & K_{d-1,3} & K_{d-1,4} & \cdots & K_{d-1,d-1} & 0 \\ 0 & K_{d1} & K_{d2} & K_{d3} & K_{d4} & \cdots & K_{d,d-1} & K_{d,d} \end{bmatrix} \qquad (1\text{-}5)$$

10. 环芯法(ring-core method)

环芯法的测试原理如下:假设一个各向同性材料上某一区域内存在一般状态的残余应力场,其最大、最小主应力分别为 σ_1 和 σ_2,在该区域表面上粘贴一应变花,以应变花为中心加工一个直径为 d、深 h 的环槽。由于环槽的残余应力释放,在环槽中心表面造成应变变化,根据应变花测量的加工环槽前后的应变变化就可以计算出残余应力的大小和方向。该方法是测试汽轮机、汽轮发电机转子锻件残余应力的标准方法[19]。环芯法的示意图如图 1-7 所示。

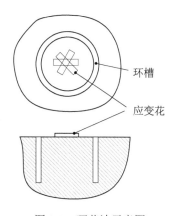

环槽

应变花

图 1-7　环芯法示意图

环芯法的优点有以下几点:①半破坏性方法,仅仅在试样或构件局部去除材料,但破坏性比钻孔应变法大;②可以在实验室或现场测试,能获得平面上双向应力,且能测试应力梯度(逐级加工环槽);③能够测试较深且高幅值残余应力;④能测试金属和非金属材料的残余应力,对晶粒大小和材料织构不敏感;⑤测试精度较高(铝材料测试误差为 10MPa,钢材料测试误差为 30MPa,钛金属材料测试误差为 15MPa),操作简单,经济;⑥测试结果对应变花与环槽中心的同心度不敏感。

环芯法的不足主要有:具有破坏性,测试深度通常小于 4mm;不能测试 z 方向应力；表面需要光整以便粘贴应变花，因此复杂构件的测试受限；表面需要进行处理。

环芯法和钻孔应变法(小孔法)类似，都是采用应变花测试应力释放后的应变，但环芯法测量时，释放材料多且应变花周边的应力完全释放，因此环芯法测得的应变信号要比钻孔应变法测得的信号大一个数量级。此外，环芯法应力测试时，应变花四周的材料去除，不会造成应变栅的应力集中，因此环芯法可以测量达到材料屈服极限的应力，且测试深度比钻孔应变法深。钻孔应变法理论上只能测量小于一半屈服强度的应力值(由于小孔引起的应力集中原因)。高速小进给量钻孔常常会引起加工硬化，如镍基超合金和奥氏体不锈钢。但加工应力对环芯法测量结果影响不显著，特别是采用电火花加工方法时几乎没有加工硬化。环芯法对切削刀具与应变花的距离所造成的误差不敏感。但环芯法得到的应力是环槽区域应力的平均值，不适合测试大梯度变化应力，钻孔应变法测试小区域的梯度应力值或平均应力值，钻孔应变法的空间分辨率高于环芯法，可测试大梯度变化应力(如焊缝和焊接热影响区的应力变化)。

利用聚焦离子束(focused ion beam, FIB)加工，将环芯法和数字图像相关法(DIC)结合，可以应用于薄膜等微观应力测试(微环芯法)[20,21]。DIC用于替代宏观应力测试所用的应变花，可获得微环槽加工前后的应变。FIB加工微尺度环芯槽过程如图1-8所示。

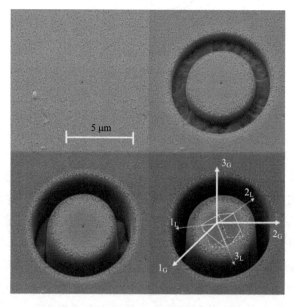

图 1-8 FIB 加工微尺度环芯槽过程[20]

11. 裂纹柔度法(slitting method)

裂纹柔度法(crack compliance method, CCM 或 slitting method)(现在较多论文中将裂纹柔度法称作 slitting method)是在试样表面引入一条深度逐渐增加的裂纹(通常采用线切割方法)来释放残余应力，测量试样表面应变(或变形)随裂纹深度的变化来计算残余应力分布的方法[22]。这种方法还被称作断裂力学法、裂纹延伸法、切槽法等。

加工裂纹过程得到的应变用于弹性有限元反分析求解应力[23]。其测试原理简单介绍如下：设板均匀连续，需要测试的残余应力 $\sigma_x(y)$ 沿板的长度 (x) 和宽度方向 (z) 的分布不变，只沿厚度方向 (y) 存在较大的应力梯度，如图 1-9 所示。

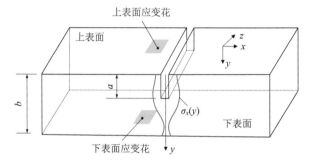

图 1-9　裂纹柔度法测量示意图[22]

该板上的残余应力未知,可假设为一系列基函数的线性叠加(如高阶多项式展开的各扩展项线性叠加)，即

$$\sigma_x(y) = \sum_{i=1}^{n} A_i P_i(y) \tag{1-6}$$

式中，A_i 为待定系数；$P_i(y)$ 为残余应力分布的基函数；下标 i 为基函数的阶数(多项式的项数)。

通过有限元方法在试样中引入深度为 $a_j(j=1, 2, \cdots, m)$ 的裂纹，在裂纹表面施加 $P_i(y)$ 代表的残余应力，求出与 a_j 所对应的测试点的应变矩阵 $C_i(a_j)$，该矩阵称为应变柔度矩阵 C。

根据叠加原理，测量的应变向量 $\varepsilon_x(a_j)$ 可以表达为应变柔度矩阵 C 与系数向量 A 的乘积：

$$\varepsilon_x(a_j) = \sum_{i=1}^{n} A_i C_i(a_j) = CA \tag{1-7}$$

采用矩阵表示为

$$CA = \varepsilon_{\text{measured}} \tag{1-8}$$

未知系数可以表示为

$$A = (C^{\text{T}}C)^{-1}C^{\text{T}}\varepsilon_{\text{measured}} \tag{1-9}$$

求得未知系数后，代入式(1-6)中就可获得测试位置的残余应力分布。

裂纹柔度法的求解是利用一系列基函数(多项式)来拟合实际的残余应力分布。用有限元法计算应变柔度矩阵所使用的基函数是计算残余应力的基础，不同基函数对最终计算结果有较大的影响。根据残余应力分布的不同，常用的基函数有勒让德多项式(Legendre polynomial)、傅里叶级数(Fourier series)、切比雪夫多项式(Chebyshev polynomial)、幂级数(power series)、单位脉冲函数(unit impulse function)等。

裂纹柔度法的优点有：①测试应力深度较大，仅仅受限于切割机床(加工裂纹)的尺寸；②可测试剧烈变化残余应力的应力梯度；③可用于不同的材料，包括金属和非金属；④测试误差较小，测试铝合金材料误差为 10MPa，钢材料误差为 30MPa，钛金属材料误差为 15MPa；⑤对晶粒尺寸和材料织构不敏感；⑥一般用慢走丝线切割加工以减少加工应力，因此加工面清洁，可以用于进一步的研究，如金相观察、X 射线衍射研究等；⑦相对于其他较大深度上应力测试技术，该方法具有价格优势。

裂纹柔度法的不足主要有：①全破坏性测试方法；②只能在实验室进行，不能现场测试；③表面应力及高幅值残余应力的测试不确定度较高；④对复杂形状构件及复杂应力场测试困难；⑤对表面质量要求较高，需要进行表面处理来粘贴应变花；⑥需要采用弹性有限元反分析获得应变柔度矩阵，对测试人员水平要求较高。

12. 深孔法(deep-hole drilling, DHD)

该方法首先加工一参考孔，并以参考孔同心进行套孔加工，通过测量套孔前后参考孔直径的变化来计算残余应力。如果测试的残余应力幅值较大且沿深度变化剧烈，则可以采用逐级套孔方法进行(即多次套孔，每次套孔的深度逐步增加，测试每次套孔加工后参考孔不同深度的直径)，通过套孔加工前后参考孔直径在不同深度位置的变化，结合弹性计算可以获得沿深度的应力分布[24]。深孔法的测试步骤如图 1-10 所示。

根据测试构件的形状和应力状态，目前所用的深孔法的参考孔尺寸有 1.5mm、3mm 和 5mm 三种。1.5mm 直径参考孔的套孔直径为 5mm，3mm 直径参考孔的套孔直径是 10mm，5mm 直径参考孔的套孔直径为 17mm。

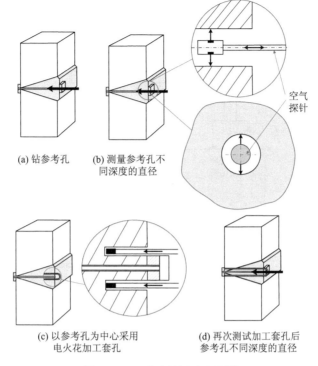

空气
探针

(a) 钻参考孔　　　(b) 测量参考孔不
　　　　　　　　　同深度的直径

(c) 以参考孔为中心采用
　　电火花加工套孔

(d) 再次测试加工套孔后
　　参考孔不同深度的直径

图 1-10　深孔法的测试步骤[24]

　　深孔法的优点主要有：①可以测量零件内部较深的残余应力，并且被测量的试样厚度基本不受限制；②可在实验室或现场测试；③能获得多个方向应力沿厚度的变化(包括 z 方向应力)；④可测试高幅值残余应力；⑤适用于形状复杂的构件残余应力测试；⑥可测试非金属和金属材料，对构件材料晶粒和织构不敏感；⑦对测试构件表面质量要求不高；⑧测试精度较高，铝金属的测试误差为 10MPa，钢材料的测试误差为 30MPa，钛金属的测试误差为 15MPa；⑨套孔加工取出的材料为无应力样，可进行后续的材料测试和验证。

　　深孔法的不足有：①半破坏性方法；②不适合测试厚度小于 6mm 的构件应力；③测试结果为套孔区域的平均应力，不适合测试窄小区域大梯度变化应力；④所用设备为定制设备，不是工业生产的通用设备，对测试工具及测试人员要求较高。

　　深孔法表层测试误差较大，将逐级钻孔法和深孔法结合能解决该问题。先采用逐级钻孔法测试表层应力，然后进行深孔法测试内部应力，为保证操作方便和参数选择，两套设备整合在一起，其实施过程如图 1-11 所示。

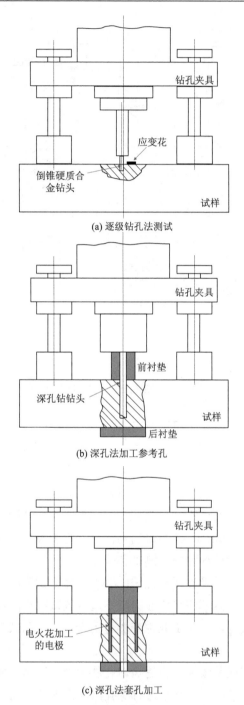

(a) 逐级钻孔法测试

(b) 深孔法加工参考孔

(c) 深孔法套孔加工

图 1-11 逐级钻孔法和深孔法集成测试[25]

13. 剥层法(layer removal method)

从一板构件上剥去一薄层材料，该层内的残余应力就被释放，构件内的应力重新平衡，发生变形(相当于在剩余厚度部分施加了一个与释放应力大小相等、方向相反的应力，从而使剩余部分发生变形，剩余部分内的应力重新达到平衡)。测试剥层后试样的变形，可以用来推导出构件中的原始应力。也可在剥层对面粘贴应变花测量由剥去层应力释放引起的应变变化来计算原始应力。采用递增逐层剥削加工，测试每次剥层后的变形或应变，并考虑到每次剥层后的变形和应变是由当前剥层内残余应力和前面所有剥层残余应力作用之和[26]，最终通过计算获得沿厚度变化的残余应力分布。该方法也叫逐层剥削法、层削法。根据剥层中应力分布的假设条件不同，又可分为积分型层削法和改进型层削法[27]。剥层法的分析分为两部分[28]：一部分是剥层后的变形与导致的弯矩之间的关系，这种关系与材料和试样的几何形状相关；另一部分是产生的弯矩和原始应力关系，该关系与材料和试样几何形状无关。剥层后试样的变形示意如图 1-12 所示。

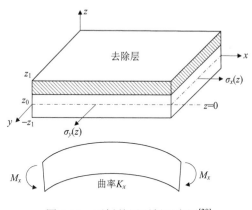

图 1-12　平板外层剥削示意图[28]

剥层法是全破坏性方法，测量变形和应变误差较大，且受加工过程影响很大(如测量应力释放引起的应变受加工过程影响很大)。剥层法适合测量平面内分布均匀的构件残余应力(应力仅随着厚度变化)，即测试平面残余应力沿厚度方向的分布特征。

剥层法适合多种金属材料内部应力测试，在非磁性材料和声弹性差异弱表现的金属应力测试方面具有优势；该方法操作简单，测试便捷；但破坏性大，不适用复杂构件的测试，只适用于板、块等规则形状构件内部应力测试。

14. 切条法(section method)

该方法将测试构件切割成条带状，测试条带上预制的标准孔切割前后的长度变化来计算每个条带残余应力释放后的应变，进而计算得到试样原截面在该条带位置的残余应力大小。也可通过测试条带的挠度来计算释放应力。该方法又称为分割条带法、分割法。切割方式一般采用线切割方法，以减少切割造成的热应力和塑性变形。

切条法在建筑行业应用较多，一般用于大尺寸工字梁或角钢的应力测试[29-31]。图 1-13 为采用切条法测试工字梁应力的条带切割规划。图 1-14 为采用切条法测试异种金属爆炸焊接试样应力的条带切割规划。

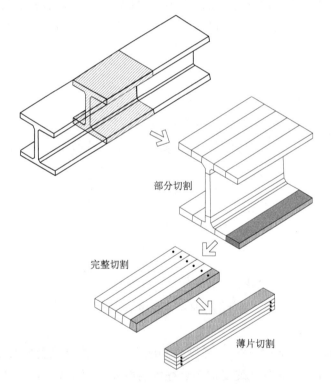

部分切割

完整切割

薄片切割

图 1-13　工字梁的切条法应力测试[29]

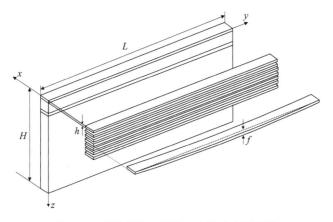

图 1-14　爆炸焊接试样的切条法应力测试[32]

15. 轮廓法(contour method)

2000 年,Prime 在残余应力大会上提出轮廓法应力测试技术[33],2001 年,Prime 发表了第一篇关于轮廓法的期刊论文[34]。该方法根据应力释放与弹性变形的关系获取残余应力分布。轮廓法的测试步骤如图 1-15 所示,首先将试样沿待测截面切开,切割面由于弹性应力的释放而产生变形,然后对切割截面的法向变形进行测试及拟合,将拟合后的数据作为边界条件施加到有限元模型中(将切割面的变形恢复到切割前的平面形状或者将平面反向变形至测试的切割面变形形状),根据线弹性计算得到切割面上法向方向的原始残余应力分布。轮廓法测试精度较高,测试费用相对较低,测试结果对微观组织变化不敏感,可获取整个截面的应力分布全貌。

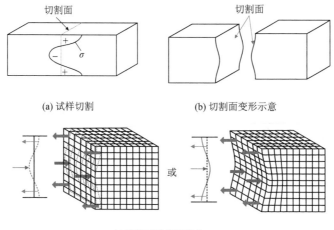

(a) 试样切割　　　　　(b) 切割面变形示意

(c) 有限元法构造应力

图 1-15　轮廓法应力测试步骤[35]

　　轮廓法是本书的主题，其测试原理和实施过程将在本书第 2 章详细介绍，该方法的验证将在本书第 3 章介绍，轮廓法的误差来源及修正方法在本书第 4 章介绍，第 5 章介绍轮廓法的扩展形式以及该方法与别的测试方法复合测试技术，第 6 章和第 7 章介绍轮廓法的典型应用。

　　表 1-1 为以上介绍的常用残余应力测试方法、测试深度和特点[5]。

表 1-1　常用残余应力测试方法比较

测试方法	测试深度	特点
X 射线衍射法	表面微米深度	多晶材料的近表面应力，易受材料织构和晶粒特征影响
同步辐射 X 射线衍射法	钢材料达 20mm，铝材料达 100mm	可测试多晶材料的表层及内部三向应力，需同步辐射源
短波长 X 射线衍射法	铝材料可达 40mm，镁材料可达 70mm	可测试内部三向应力，不同材料测试深度不同
中子衍射法	～80mm	多晶材料的表层及内部三向应力，需要中子源
超声波法	1～20mm	需要根据材料进行标定
钻孔应变法/逐级钻孔法	<2mm	测试表层平面应力
压痕应变法	<0.3mm	近表面的平面应力
逐层抛光 XRD 法	2～4mm	多晶材料表层应力，电解抛光后应力重分布，需要修正
环芯法	<4mm	平面应力沿厚度变化
裂纹柔度法	试样厚度	单向应力沿厚度分布
深孔法	试样厚度	内部三向应力，易受塑性变形影响
剥层法	试样厚度	平面应力沿厚度变化
切条法	试样厚度	单向应力沿厚度变化
轮廓法	试样厚度	导电材料正向应力测试，对切割质量要求高，近表面应力的测试误差较大

　　以上介绍的残余应力测试方法主要适合材料加工、机械制造相关行业的相对成熟的应力测试方法。其他的残余应力测试方法，如基于晶体和弹性力学分析方法的 Stoney 曲率法、显微拉曼光谱法，基于应力双折射效应的数字光弹法、光弹调制器法和偏振光腔衰荡法等，在光学元件残余应力测试中有比较成熟的应用[36]。此外，残余应力的电磁检测方法也形成了国家标准[37]。磁测法还包括了金属磁记忆检测法、巴克豪森噪声法、逆磁致伸缩效应各向异性法检测残余应力[38]。仪器化压入法测定残余应力方法[39]、拉曼光谱法[40]和全释放应变法[41]也有相应的国家标准，在工程上有所应用。

1.4　残余应力测试方法的发展方向和挑战

残余应力已经成为构件制造的一个重要性能参数，残余应力表征是评价构件完整性、评估服役寿命和保障构件制造质量及使用寿命的重要环节。尽管出现了许多残余应力测试方法，但是目前没有一种方法能够满足所有情况的测量需求。如有的方法只能测试表层或浅表层应力，有的对材料破坏性大，有的受构件尺寸和材料限制，有的受设备限制无法现场实施，有的能测试微观应力，有的测试方法仅仅能测试宏观应力等。残余应力测试技术的发展方向可能有以下几个方面：

(1)适应测试对象方面,将多种测试方法整合起来是残余应力测试技术一个发展方向。各种残余应力测试方法都有其优点和局限性，将多种应力测试方法结合起来，发挥各自的优点，避开各种方法的局限性，从而能拓展各种应力测试方法的应用。比如深孔法和逐级钻孔法结合，保证了表面应力测试和内部应力测试(深孔法表层测试误差较大)的准确性；轮廓法和 X 射线衍射法结合，保证了表面到内部的应力测试精度；采用多种应力测试方法测试相同对象，测试结果相互比较和印证也是当前残余应力测试的一个趋势。

(2)工程应用方面,便携高效无损(或微损)且能在现场在役构件上实施的满足从表面到内部应力测试要求的残余应力测试方法和设备具有大量需求，也是残余应力测试的一个发展方向。

(3)集成及智能测试设备的研发是残余应力测试的一个方向。残余应力测试结果受测试人员的经验和操作过程影响很大，特别是测试步骤多、操作复杂的应力测试方法。因此，开发集成度高的设备，最大限度降低对操作人员的依赖性，降低操作过程的影响，可提高测试精度，也能降低应力测试的门槛。

残余应力测试方法的挑战有以下几个方面[42,43]：

(1)绝对零应力数据的需求。对于释放型应力测试方法，部分材料加工去除后，新形成无应力边界作为零应力数据测试点。这种情况下需要高精度和无应力切割或加工，避免引入加工应力。对于其他测试方法，通常要准备与应力测试位置状态一致的无应力参考样(如粉末样)。但绝对零应力试样和数据很难实现，这是现阶段应力测试方法的挑战。

(2)试样最小化程度物理损伤。为了实现测试，试样会有物理损伤，这些损伤是因为应力释放型测试方法造成的，有时候是衍射测试方法需要的。对于不能随便丢弃试样、仍然在服役的零件或需要在相同试样上多次测试的情况，这种物理损伤尤为重要。如何实现试样最小化程度物理损伤，是应力测试的另外一个挑战。

(3)高精度的校准和标定。所有测试方法都需要一定程度的标定和校准，对于与材料成分和制备方式相关的无损检测方法，更需要高精度可靠的标定试验。

现阶段，对于残余应力的校准方法研究明显不足，而校准是保证残余应力测试结果准确可靠的必要手段，也有助于残余应力测试技术进步和测试理论的完善。目前，残余应力标准试样(试块)的制备方法均无法保证标准试样绝对应力值准确，也就直接导致使用标准试样(试块)对残余应力测试仪器校准存在很大的误差。且单纯地依靠制备标样无法完全解决残余应力校准的问题。应当从测试方法、测试仪器本身性能出发，探索仪器的校准方法和测量方法的验证技术，再结合材料检验的特性，完善测试方法，最终保证残余应力测试结果的准确性[43]。残余应力测试技术的标定和校准是当前的一个挑战。

(4)释放型应力测试时，邻近材料变形对结果的影响。释放型应力测试方法，需要在测试位置进行材料加工，使得应力释放，但该应力释放也会造成邻近位置的变形。所获得的变形或应变实际上包含了邻近区域材料变形和应变。因此需要复杂的反向计算来区分测试位置应力释放造成的邻近区域变形。这种分析对于数值模型又非常敏感，如何区分邻近材料变形、保证测试准确是当前应力测试的一个挑战。

(5)应力测试人员的经验技能和理论水平。应力测试结果对操作过程比较敏感，不仅仅需要测试人员对设备进行操作和长时间的实践，还需要测试人员对测试方法基础知识和基本概念的理解。因此需要高标准的测试操作过程来获得有效的结果。正如 Grant 等[44]指出：操作人员的技能可能是实现可靠及高质量测量的最重要因素(*The operator skill has been identified as probably the most important parameter in achieving a reliable and quality measurement*)，但熟练测试人员需要长时间的培养和学习，因此寻找和培养经验丰富的测试人员是当前应力测试的挑战。

1.5　本章小结

本章介绍了残余应力的来源和分类、残余应力的影响，并以金属试样为对象介绍了常用的残余应力测试方法，最后提出了残余应力测试技术的发展方向和挑战。

参 考 文 献

[1]　Withers P J. Residual stress and its role in failure[J]. Reports on Progress in Physics, 2007, 70(12): 2211-2264.

[2]　Johnson G. Residual stress measurements using the contour method[D]. Manchester: University of Manchester, 2008.

[3]　James M N. Residual stress influences on structural reliability[J]. Engineering Failure Analysis, 2011, 18（8）: 1909-1920.

[4]　全国无损检测标准化技术委员会（SAC/TC 56）. 无损检测 X 射线应力测定方法: GB/T 7704—2017 [S]. 北京: 中国标准出版社, 2017.

[5]　蒋文春, 罗云, 万娱, 等. 焊接残余应力计算、测试与调控的研究进展[J]. 机械工程学报, 2021, 57（16）: 306-328.

[6]　Zhang J, Zheng L, Guo X B, et al. Residual stresses comparison determined by short-wavelength X-ray diffraction and neutron diffraction for 7075 aluminum alloy[J]. Journal of Nondestructive Evaluation, 2014, 33（1）: 82-92.

[7]　全国无损检测标准化技术委员会（SAC/TC 56）. 无损检测 测量残余应力的中子衍射方法: GB/T 26140—2010[S]. 北京: 中国标准出版社, 2011.

[8]　张昌盛, 彭梅, 孙光爱. 中子散射: 理解工程材料的必要工具[J]. 物理, 2015, 44（3）: 169-178.

[9]　全国无损检测标准化技术委员会（SAC/TC 56）. 无损检测 残余应力超声临界折射纵波检测方法: GB/T 32073—2015[S]. 北京: 中国标准出版社, 2016.

[10]　全国无损检测标准化技术委员会（SAC/TC 56）. 无损检测 残余应力超声体波检测方法: GB/T 38952—2020[S]. 北京: 中国标准出版社, 2020.

[11]　李晨, 楼瑞祥, 王志刚, 等. 残余应力测试方法的研究进展[J]. 材料导报, 2014, 28（s2）: 153-158.

[12]　全国钢标准化技术委员会（SAC/TC 183）. 金属材料 残余应力测定 钻孔应变法: GB/T 31310—2014[S]. 北京: 中国标准出版社, 2015.

[13]　Zuccarello B. Optimal calculation steps for the evaluation of residual stress by the incremental hole-drilling method[J]. Experimental Mechanics, 1999, 39（2）: 117-124.

[14]　ASTM International. Standard test method for determining residual stresses by the hole-drilling strain gage method: ASTM E837-20[S]. 2020.

[15]　Schajer G S. Advances in hole-drilling residual stress measurements[J]. Experimental Mechanics, 2010, 50（2）: 159-168.

[16]　中国钢铁工业协会. 金属材料 残余应力测定 压痕应变法: GB/T 24179—2009[S]. 北京: 中国标准出版社, 2009.

[17]　Savaria V, Bridier F, Bocher P. Computational quantification and correction of the errors induced by layer removal for subsurface residual stress measurements[J]. International Journal of Mechanical Sciences, 2012, 64（1）: 184-195.

[18]　Savaria V, Monajati H, Bridier F, et al. Measurement and correction of residual stress gradients in aeronautical gears after various induction surface hardening treatments[J]. Journal of Materials Processing Technology, 2015, 220: 113-123.

[19]　中国机械工业联合会. 环芯法测量汽轮机、汽轮发电机转子锻件残余应力的试验方法:

JB/T 8888—2018 [S]. 北京: 机械工业出版社, 2018.

[20] Salvati E, Sui T, Korsunsky A M. Uncertainty quantification of residual stress evaluation by the FIB-DIC ring-core method due to elastic anisotropy effects[J]. International Journal of Solids and Structures, 2016, 87: 61-69.

[21] Bemporad E, Brisotto M, Depero L E, et al. A critical comparison between XRD and FIB residual stress measurement techniques in thin films[J]. Thin Solid Films, 2014, 572: 224-231.

[22] Prime M B. Residual stress measurement by successive extension of a slot: The crack compliance method[J]. Applied Mechanics Reviews, 1999, 52(2): 75-96.

[23] Prime M B, Hill M R. Uncertainty, model error, and order selection for series-expanded, residual-stress inverse solutions[J]. Journal of Engineering Materials and Technology, 2006, 128(2): 175-185.

[24] Mahmoudi A H, Stefanescu D, Hossain S, et al. Measurement and prediction of the residual stress field generated by side-punching[J]. Journal of Engineering Materials and Technology, 2006, 128(3): 451-459.

[25] Stefanescu D, Truman C E, Smith D J. An integrated approach for measuring near-surface and subsurface residual stress in engineering components[J]. The Journal of Strain Analysis for Engineering Design, 2004, 39(5): 483-497.

[26] 郭魂, 左敦稳, 王树宏, 等. 铝合金预拉伸厚板内残余应力分布的测量[J]. 华南理工大学学报(自然科学版), 2006, 34(2): 33-36.

[27] 廖凯. 铝合金厚板淬火–预拉伸内应力形成机理及其测试方法研究[D]. 长沙: 中南大学, 2010.

[28] Eijpe M P I M, Powell P C. Residual stress evaluation in composites using a modified layer removal method[J]. Composite Structures, 1997, 37(3-4): 335-342.

[29] Tebedge N, Alpsten G, Tall L. Residual-stress measurement by the sectioning method[J]. Experimental Mechanics, 1973, 13(2): 88-96.

[30] Yang B, Nie S D, Xiong G, et al. Residual stresses in welded I-shaped sections fabricated from Q460GJ structural steel plates[J]. Journal of Constructional Steel Research, 2016, 122: 261-273.

[31] 班慧勇, 施刚, 邢海军, 等. Q420等边角钢轴压杆稳定性能研究(I)——残余应力的试验研究[J]. 土木工程学报, 2010, 43(7): 14-21.

[32] Karolczuk A, Paul H, Szulc Z, et al. Residual stresses in explosively welded plates made of titanium grade 12 and steel with interlayer[J]. Journal of Materials Engineering and Performance, 2018, 27(9): 4571-4581.

[33] Prime M B, Gonzales A R. The contour method: simple 2-D mapping of residual stresses[C]. Proceedings of Sixth International Conference on Residual Stresses, Oxford, UK, 2000, 1: 617-624.

[34] Prime M B. Cross-sectional mapping of residual stresses by measuring the surface contour after a cut[J]. Journal of Engineering Materials and Technology, 2001, 123(2): 162-168.

[35] 刘川, 庄栋. 基于轮廓法测试焊接件内部残余应力[J]. 机械工程学报, 2012, 48(8): 54-59.

[36] 肖石磊, 李斌成. 光学元件残余应力无损检测技术概述[J]. 光电工程, 2020, 47(8): 190068.

[37] 全国无损检测标准化技术委员会(SAC/TC 56). 无损检测 残余应力的电磁检测方法: GB/T 33210—2016 [S]. 北京: 中国标准出版社, 2017.

[38] 郝晨, 丁红胜. 2017. 磁测法检测残余应力的特点与适应性[J]. 物理测试, 35(6): 25-29.

[39] 中国钢铁工业协会. 金属材料 仪器化压入法测定压痕拉伸性能和残余应力: GB/T 39635—2020[S]. 北京: 中国标准出版社, 2020.

[40] 全国微机电技术标准化技术委员会(SAC/TC 336). 微机电系统(MEMS)技术基于拉曼光谱法的微结构表面应力测试方法: GB/T 34899—2017 [S]. 北京: 中国标准出版社, 2017.

[41] 中国钢铁工业协会. 金属材料 残余应力测定全释放应变法: GB/T 31218—2014[S]. 北京: 中国标准出版社, 2015.

[42] Schajer G S, Prime M B, Withers P J. Why is it so challenging to measure residual stresses?[J]. Experimental Mechanics, 2022, 62(9): 1521-1530.

[43] 王辰辰. 残余应力测试与校准方法研究现状与展望[J]. 计测技术, 2021, 41(2): 56-63.

[44] Grant P V, Lord J D, Whitehead P S. The measurement of residual stresses by the incremental hole drilling technique. Measurement Good Practice Guide, No.53 - Issue 2 [R]. Middlesex, UK: National Physical Laboratory, 2006.

第 2 章 轮廓法应力测试的基本原理、实施过程及优缺点

轮廓法最早是 Prime 在 2000 年的一篇会议论文中提出的[1]，2001 年 Prime 发表了第一篇轮廓法应力测试期刊论文[2]。轮廓法是一种以固体力学为基础，将应力释放法和有限元法结合起来获得构件内部应力的破坏性应力测试方法。该方法将试样切割成两半，让构件的应力释放并重分布，然后测试切割面的变形（应力释放和重分布造成的），该变形数据用于计算和分析切割前的原始应力。轮廓法采用有限元模型来考虑材料和几何刚度，计算原始应力分布，并能得到切割面上二维应力分布（切割面上的法向应力）。

轮廓法实现了内部应力分布的二维可视化试验结果，且能测试其他方法无法实现的构件内部应力，在科研和工程中开始广泛应用，并得到不断发展。本章详细介绍轮廓法的基本原理、实施过程及其优缺点。

2.1 基 本 原 理

轮廓法是基于 Bueckner 弹性叠加原理[3]发展而来的，该原理表述为：如果一个裂纹体受一外部载荷或边界上给定位移使得裂纹表面受到使裂纹闭合的力，该裂纹闭合力一定等效于相同几何形状非裂纹体受相同外载荷条件下的应力分布（*If a cracked body subject to external loading or prescribed displacements at the boundary has forces applied to the crack surfaces to close the crack together, these forces must be equivalent to the stress distribution in an uncracked body of the same geometry subject to the same external loading*）[4,5]。Bueckner 叠加原理也表示如图 2-1

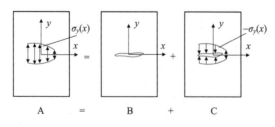

图 2-1　Bueckner 叠加原理示意[4]

所示的应力叠加：构件中某一截面的残余应力（图 2-1 中 A）等效于该构件沿该截面切开后（产生裂纹）的应力（图 2-1 中 B）与沿截面原始应力反向施加在切割面（使得裂纹闭合）的应力（图 2-1 中 C）叠加。

Bueckner 叠加原理也可用图 2-2 所示裂纹体受力问题的求解过程来表达。图 2-2(a) 为受外载荷 T（表面力和体力）的裂纹体，AB 为内部裂纹。该裂纹体问题的求解可用叠加原理分解为两部分，第一部分求解非裂纹体受相同外载荷 T 的应力状态，可获得裂纹位置的应力 P 和 Q（包括位移分量），即图 2-2(b)；第二部分求解无外载荷条件下（不施加外载荷 T），相同裂纹体的裂纹面上受反向应力（和位移）–P 和 –Q 的应力状态。图 2-2(b) 和图 2-2(c) 两部分问题的求解结果叠加，即为受外载荷 T 的裂纹体问题的解。

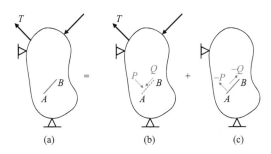

图 2-2　裂纹体受力的 Bueckner 叠加原理示意[6,7]

Prime 在 Bueckner 叠加原理基础上，将切割后构件切割面的位移轮廓进行测试，然后将测试的位移结果作为边界条件反向施加在切割面上，从而获得切割面位置的原始应力。轮廓法原理的示意如图 2-3 所示[2]。

图 2-3 中 A 为含原始应力的构件，B 为构件沿应力测试面切割成两半后的一半形状（设切割位置为 x=0），由于应力释放引起切割面变形。C 为将切割后一半构件的变形表面恢复到未切割原始状态。C 包含有限元应力计算过程，即将切割面的垂直切割面的变形(B)作为有限元计算的边界条件（反向施加，相当于恢复到原始平面状态），通过弹性有限元计算获得应力状态。根据 Bueckner 弹性叠加原理，A 中的原始应力分布即为 B 中的应力与 C 中应力（计算得到的应力）的叠加。即

$$\sigma^{(A)}(x,y,z) = \sigma^{(B)}(x,y,z) + \sigma^{(C)}(x,y,z) \tag{2-1}$$

式中，σ 代表整体应力张量（包括正应力和剪应力）。

图 2-3 中 B 的整体应力未知。但是 B 的切割面为自由表面，该面上正应力(σ_x)和剪切应力(τ_{xy}、τ_{xz})完全释放，即

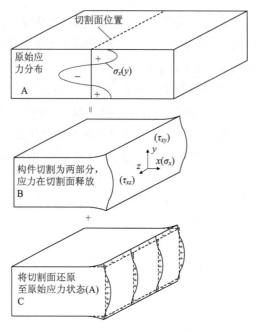

图 2-3 轮廓法原理示意[2]

$$\sigma_x^{(B)}(0,y,z) = \tau_{xy}^{(B)}(0,y,z) = \tau_{xz}^{(B)}(0,y,z) = 0 \tag{2-2}$$

将式(2-2)代入式(2-1)中，最终 A 中切割面上的原始应力可以通过 C 得到，即

$$\begin{cases} \sigma_x^{(A)}(0,y,z) = \sigma_x^{(C)}(0,y,z) \\ \tau_{xy}^{(A)}(0,y,z) = \tau_{xy}^{(C)}(0,y,z) \\ \tau_{xz}^{(A)}(0,y,z) = \tau_{xz}^{(C)}(0,y,z) \end{cases} \tag{2-3}$$

　　B 中切割面上的变形不仅仅是垂直于切割面应力释放造成的变形，板内剪切应力(τ_{xy}、τ_{xz})的释放也对切割面变形有贡献，其余应力分量的释放(σ_y、σ_z、τ_{yz})不会影响切割面的变形。

　　切割面上三个应力分量(σ_x、τ_{xy}、τ_{xz})可以通过测试不同方向的变形量和有限元法弹性分析获得。但实际上仅仅垂直于切割面方向的变形(即图 2-3 中 x 方向变形)可以测试，故轮廓法能获得仅垂直于切割面方向的应力(σ_x)。剪切应力(τ_{xy}、τ_{xz})由于在两切割面上为反对称分布[2]，即两面上的剪切应力幅值相等，方向相反，故通过两面测试位移的平均处理可以去除剪切应力释放对变形的影响。

2.2　轮廓法的假设条件和近似规定

由于切割面上的横向变形位移(剪切应力释放造成的变形，板内变形)难以测试，因此轮廓法应力测试需要一些合理的假设和近似规定[8]。

1. 弹性应力释放和无应力切割过程假设

Bueckner 弹性叠加原理假设材料在残余应力释放过程中为弹性材料行为，并且切割过程(材料去除)不会产生额外的加工应力(假设切割过程加工应力产生)，因此不会影响原始应力释放造成的变形。

2. 假设分析模型的切割面为平面

为了方便分析，轮廓法进行有限元应力构造时(图 2-3 中的 C)，不必建立变形后的有限元模型，只要建立切割面为平面的有限元模型。因为试样切割后应力释放造成的变形为小变形(对焊接应力而言，垂直焊缝切割后，焊缝区域纵向应力释放造成的变形大概为 $100\sim150\mu m$)，且计算分析过程为线弹性分析，将变形模型压回平面状态的应力与将平面模型沿反向施加相同位移变形所产生的应力是一样的，因此只要建立切割面为平面的有限元模型就可便捷地进行分析。

3. 试样相对切割面对称及切割面两侧的刚度相同假设

轮廓法实施时，将两切割面的变形轮廓进行平均，以消除剪切应力释放造成的板内变形对测试的正应力影响，因此轮廓法假设切割面两侧的刚度相同。对于匀质材料，当试样被切割成相同尺寸的两部分时，满足切割位置两侧的刚度相同假设条件。实际上，构件仅需要在切割面变形影响显著的区域内满足刚度对称条件。该影响区域大概范围为距切割面 1.5 倍圣维南特征距离。圣维南特征距离通常为构件厚度，也可保守认为是最大的横截面尺寸。如果构件是不对称的，需要用有限元分析方法评估可能的误差。不对称切割条件下，轮廓法仍然适用测试构件内部应力，只是数据处理方式不同(见第 5 章关于不对称条件的轮廓法测试)。

4. 假设切割造成的反对称误差可以通过平均两切割面的变形进行消除

切割路径的偏移会造成反对称误差，此外切割过程因应力释放引起试样移动也会造成切割面反对称变形，轮廓法测试假设这种反对称变形误差可以通过平均两面变形进行消除。

5. 理想切割过程假设

除了假设切割过程不会引起附加应力外，轮廓法还假设：①将试样切割开的过程中切割宽度保持不变，并且切割时的材料去除量最小；②切割过程不会引起塑性变形；③试样切割单次完成，即不会反复切割已经切开的表面；④切割过程按照预先设定好的路径进行切割。

2.3　轮廓法实施过程

轮廓法应力测试的实施过程主要包括四个环节：切割、切割面变形测试、变形数据处理、应力构造。轮廓法是一种全破坏性方法，试样一旦开始切割，就不可能恢复到切割前状态。因此，切割是轮廓法测试的最重要环节。为最大限度实现轮廓法测试的理想切割、切割无塑性变形和附加应力产生等条件，试样切割过程需要进行刚性夹持。因此，试样切割前的夹持也是一个非常重要的步骤。

应力测试前需要进行应力测试方法选择，评估构件的轮廓法测试适应性，分析轮廓法每一步骤是否适合该构件的测试。轮廓法不太适合测试表面及表层应力（表层测试应力存在较大误差，见本书第 4 章轮廓法误差分析），如果近表面应力是主要关心的应力，则不建议使用轮廓法测试。试样太小、应力幅值太小或者应力集中在局部的试样也不太适合轮廓法测试。

本书从试样夹持、试样切割、表面轮廓测量、数据处理和应力构造几个步骤介绍轮廓法应力测试的实施过程。

1. 试样夹持

试样夹持是轮廓法测试的最重要步骤。夹持最好在切割面两侧，以防止切割过程应力释放引起试样移动，同时控制切割面的张开和闭合。理论上试样需要刚性夹持，且尽可能使夹持位置靠近切割面并保持对称夹持，以保证切割面两侧的刚度对称。对于板状试样一般有三种夹持方式：指状夹持方式[4]、螺栓紧固夹持[2]和导向孔辅助夹持方式[4]。指状夹持方式以多个压板夹持在切割面两侧，压板给试样施加垂直载荷，依赖摩擦力防止试样移动。这种夹持方式对试样的拘束度依赖于施加的载荷。如果施加载荷不够，切割过程试样可能会发生相对移动。指状夹持方式示意图如图 2-4 所示。

理想的轮廓法试样夹持方式是刚性夹持，如图 2-5 所示，使用螺栓将试样紧固在支撑板上。这种夹持方式对切割面张开或闭合的控制效果依赖于螺栓相对于切割面的距离。

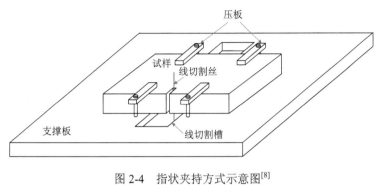

图 2-4 指状夹持方式示意图[8]

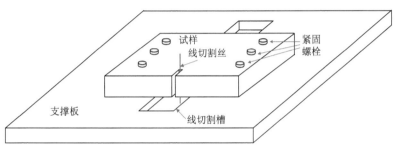

图 2-5 紧固螺栓夹持方式示意图[9]

第三种夹持方式是在切割前，试样上切割面两端开设导向孔，切割区域为导向孔之间。线切割两导向孔之间区域(第 1 段切割)，然后再切割导向孔与试样边缘区域(第 2、3 段切割)，导向孔与边缘材料在第 1 段切割时形成自拘束条件，再结合指状夹持或紧固螺栓夹持方式增加切割过程的拘束度。试样上紧固螺栓孔和导向孔示意图如图 2-6 所示。

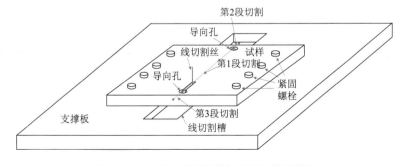

图 2-6 导向孔与紧固螺栓夹持方式示意图

　　试样夹持前后，需要将夹具和试样放置在切割机去离子水中一段时间以保证试样和整个夹持系统温度平衡。值得注意的是，试样不平整、存在板外变形或者支撑板不平整情况下过量夹持会造成附加应力。

　　不同试样所用的切割夹具不同。如 Xie 等[10]测试电子束焊接试样的夹持方案如图 2-7 所示。Prime 等[11]测试变形焊接试样时，加工了与试样变形一致的支撑板，让试样和支撑板贴合，并结合指状夹持方式进行装夹，如图 2-8 所示。

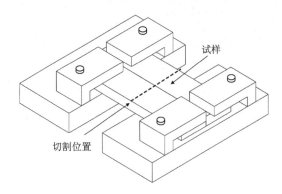

图 2-7　　电子束焊接试样的轮廓法测试夹持方案[10]

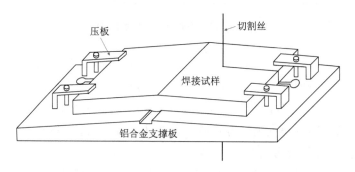

图 2-8　　指状夹持+斜面支撑板的夹持方式[11]

　　对于较复杂试样，需要设计不同的夹具以保证试样的刚性夹持。如管状试样，除了加工导向孔保证自拘束条件外，还可以设计弧面支撑块(或楔形块)实现环向的夹持。Javadi 等[12]针对带背板和翼板且表面不规则的堆焊试样，设计了复杂的夹具来夹持试样，实现轮廓法切割，如图 2-9 所示。

(a) G形夹具夹持

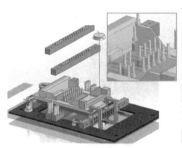

(b) 球形端螺栓和螺钉的特制夹具

图 2-9　不规则堆焊试样的夹持[12]

Gadallah 等[13]、Sun 等[14]和 Zhang 等[15]采用分离式支撑板来支撑和夹持试样，这样可以灵活适应不同尺寸的试样夹持，如图 2-10、图 2-11 和图 2-12 所示。这种分离式支撑板适合平板类试样的夹持切割。Prime[16]设计了一种带凹槽的分离式桥形支撑板来夹持试样，如图 2-13 所示。

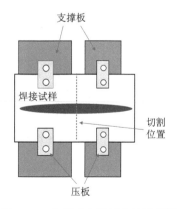

图 2-10　分离式支撑板夹持试样[13]

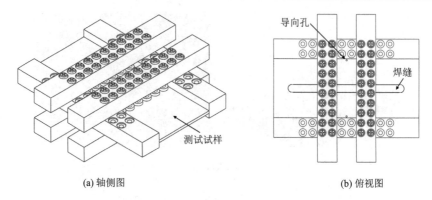

(a) 轴侧图　　　　　　　　　　　　　　　　　(b) 俯视图

图 2-11　分离式支撑和夹持试样示意[14]

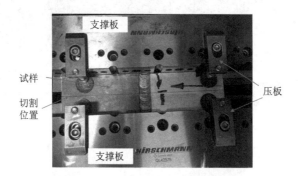

图 2-12　Zhang 等采用的夹持方案[15]

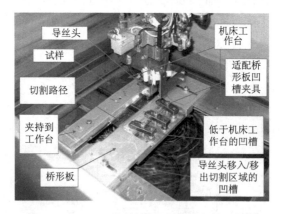

图 2-13　Prime 采用的桥形支撑板夹持试样[16]

2. 试样切割

试样夹持好以后，按照设定的切割面进行切割。试样切割是轮廓法测试最关键的步骤，一旦切割开始，试样就不能恢复到原始状态。轮廓法应力测试的理想切割方式应该具有以下特征：直线（平面）切割且切割面光滑；切割宽度最小；整个切割路径上以及沿厚度的切割宽度保持恒定；不会反复切割表面；不会引起任何塑性变形或造成切割应力。慢走丝线切割是最合适的轮廓法试样切割方法。这种加工方法利用脉冲直流电源在试样和移动线切割丝（电极）之间重复产生电火花，让试样局部材料熔化来实现加工。图 2-14 为线切割加工示意图[17]。切割丝上施加一定的线张力以减少切割丝的振动和偏移，从而保证切割面质量，上下喷嘴喷出的水流将熔化金属从加工区域冲走。试样放在控温的去离子水中，通过非接触的放电加工去除材料，这样不会造成热应力和接触加工造成的振动、局部塑性变形和应力。慢走丝线切割方式能保证切割宽度和切割路径平直。放电线切割方法适用于各种导电材料，与材料的硬度、强度、韧性和形状无关。

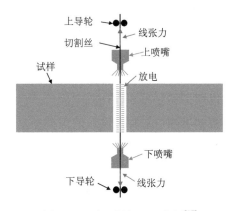

图 2-14　线切割加工示意图[17]

线切割加工过程中，试样和切割丝之间有一层薄液体膜，这层液体膜可以防止短路，也能补偿加工过程中的切割丝振动。切割丝和试样之间的间隙非常小时，高压激发电火花，局部产生离子态高温、导电和等离子体通道，局部高温使得试样局部熔化和气化，并在切割丝和试样表面形成小熔覆层（或熔滴）。熔化金属冷却后形成球状的碎屑颗粒，被高压去离子水冲刷到试样外。线切割加工的表面切割质量与切割条件相关，如切割参数，包括放电参数、切割速度、切割丝进给速度、切割丝的线张力、切割速度、切割丝材料和直径等。线切割加工最终造成的切割宽度大概是切割丝直径的 110%～120%。

切割时尽可能选择小直径线切割丝，但切割丝直径越小，越容易断丝，加工时间也会变长。建议选择纯铜丝作为线切割丝，也有采用镀锌铜丝作为轮廓法加工的线切割丝。已发表的轮廓法应力测试相关文献中采用的慢走丝线切割机品牌包括沙迪克(Sodick)、西部(Seibu)、发那科(FANUC)、三菱(Mitsubishi)、阿奇夏米尔(AgieCharmilles)等。一般采用直径 250μm 的纯铜丝切割可获得很好的切割质量，能满足轮廓法的切割要求。

切割质量影响轮廓法测试结果。切割前评估试样可能的应力分布，压应力区域的应力释放会造成该区域凸起变形，拉应力区域的应力释放会造成该区域凹陷变形。凸起变形容易造成夹丝，从而造成短路，无法进行切割。切割参数选择不当，或者试样中有气孔、夹杂等不导电区域，容易造成断丝。切割时要尽量避免断丝和夹丝。如果发生断丝和夹丝，需要从断丝或者夹丝位置继续切割，不能从已切割面再次切割(避免切割面重复切割)。选择切割机床的精切(精修)参数设置比较合适,建议选择加工机的第一次精修参数或第二次精修参数(不用最后一次精修参数)，且不能进行来回重复切割。所设置的参数要根据试样厚度和材料进行微调，可在正式切割前进行试切割以找到合适的切割参数，保证稳定的切割速度(试样一次切割完成)和切割质量。试切割的材料和厚度要与测试试样相同，如果没有多余的材料，可在测试试样局部位置进行试切割，试切割位置尽可能远离要测试应力的位置并尽可能远离高应力区域。试样夹持前画出切割路径，夹持前后都需要沿切割路径进行校准以保证切割平直。切割完成后，移除夹具和搬动试样过程要注意保护切割面，切割面表面可进行冲洗，清理掉黏附在表面的碎屑。

对于导向孔夹持方式(图 2-6)，先切割两导向孔之间区域，再切割导向孔与边缘的材料，这种切割方式叫"嵌入式切割"。对于无导向孔辅助的夹持方式，切割从试样一端切向另一端，直接将试样切割成两半，这种切割方式叫"边缘切割"。

3. 表面轮廓测量

试样的应力状态不同，切割面表面变形轮廓的峰顶到峰谷的幅值大约为几微米到几百微米不等。三坐标测量设备能达到轮廓法的表面轮廓测量要求，设备的精度建议在 3μm 以下，如示值误差 $MPE_E((1.8+L/350)μm)$ 为 2.0μm 的接触式三坐标测量设备能满足较小应力释放造成的变形测量精度要求。测试时，要保证测试的点距足够小以获得切割面变形场分布形式和特征。可以先以较大的点距测试，评估切割面的变形场和特征，然后再以较小点距测试，以获得足够详细的切割面变形轮廓特征。如果采用接触式测试，测头直径建议选择 2mm 以下，大直径测头可能会漏测切割面的变形特征。建议两切割面采用相同的测量点位置(以某坐标轴作为基准，两切割面保证该坐标轴一致，测试相同坐标点的变形)，两切割面的测量坐标系其中一个坐标轴是反向的。切割面变形轮廓的测试时间较长，因此要保证测试环境的温度变化不大。变形测量完成后,建议测试两切割面的边缘点以获得切割面轮廓线,用于后续数据的轮廓校准。

　　常见的表面轮廓测试设备如非接触式光学测量仪(如光学测量显微镜、激光扫描仪、光学轮廓法仪等)和接触式三坐标测量机都能满足轮廓法的测试要求,但光学测量仪可能会获得更多的噪声测试点。图 2-15 为常用的切割面变形测试照片。

(a)接触式三坐标测量

(b)激光扫描仪测量[15]

(c)三维光学测量显微镜测量[18]
图 2-15　切割面变形测试照片

　　也可以采用其他能测试表面轮廓的设备和方法来测量切割面的变形,如激光三角测距法、激光共聚焦法、激光共聚焦显微镜、干涉仪等进行切割面变形轮廓测量[5]。

　　切割面表面变形轮廓测量包括局部坐标系定义,轮廓外围边缘测量和变形测量。最重要的测量参数是测量间距。切割切入和切出区域(包括导向孔区域)的变形误差较大(如图 2-16 所示导向孔位置的变形出现突变),可不进行测量或者测量后在数据处理阶段舍弃。

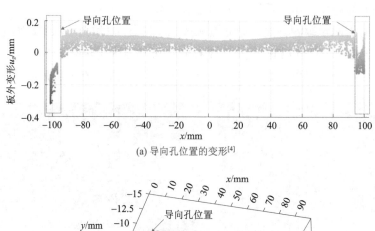

(a) 导向孔位置的变形[4]

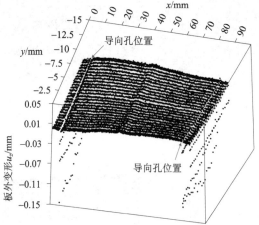

(b) 采用电火花加工导向孔后的切割面变形

图 2-16　导向孔位置的切割面变形

接触式三坐标测量方法分为扫描测量和点触测量(图 2-17)。扫描测量是探针与试样表面一直接触,该方式测量速度高,但测量精度低。点触测量是探针与试样表面间断接触,该方式的测量轨迹和测量位置可控,测量精度高,但测量速度低。

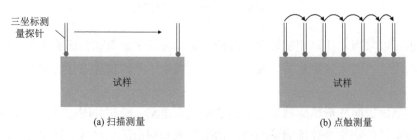

(a) 扫描测量　　　　　　　　　　　　　(b) 点触测量

图 2-17　接触式三坐标测量方法[5]

表面轮廓测试时要注意基准面的建立方式和测试原点的标记，同时要记录线切割的切入切出端与变形轮廓测试端的位置，以便后续数据处理和应力分析。原则上任意基准面都可以实现变形轮廓测试，建议以切割面上远离应力集中区域和切入切出端的区域建立基准面，并且建议两个切割面的基准面建立时所选择的点位置一致，这样能保证两个面测试坐标系一致，从而保证两切割面上的测试点位置一致。

4. 数据处理

轮廓法测试的切割面变形数据为点云数据(如图 2-16(b)所示的点云)，其信息不仅包含了因为应力释放造成的变形，还包括了切割过程和测试过程的误差点(奇异点或噪声点)。此外，原始的变形测试数据不是规则的网格数据，不方便用于有限元分析的边界条件。轮廓法测试的数据处理包括数据校准，数据清理、插值和平均，数据光滑拟合几个步骤。

1) 数据校准

两切割面的变形测试是在不同的坐标系中进行的，因此需要进行校准处理以使得两者数据处于相同的坐标系中。设切割面的面内坐标系为 x-y 坐标系，变形值为 z 坐标，数据校准需要将一个切割面的 x-y 坐标系进行镜像处理，根据测试的切割面外围数据进行平移和旋转处理以使得两者测试点位置重合(校准过程不考虑变形数据，仅考虑测试点位置信息)。校准过程可以通过测试两切割面的外围的 x-y 坐标来实现。图 2-18 为两切割面数据的镜像和校准过程[4]。也可以通过测量设备和相应的测量软件对两测试面进行校准后再进行变形测试，如基准面设置和测试原点的选取可通过测试设备和测试软件来保证两面测试点位置重合。

2) 数据清理、插值和平均

校准处理结束后，需要把外围边缘数据删除，并删除测试值奇异点(测试的变形值显著变化点)。这些奇异点可能是断丝或其他问题造成的局部变形误差，需要采用手工方式剔除这些误差点。

采用三坐标测量设备时，测试头的移动具有一定的不确定性，因此获得的坐标点数据不是规则数据，需要将两切割面数据插值成统一的数据网格点。必要时，数据点可插值到边缘区域补充奇异数据删除点。最后平均两切割面插值数据以消除剪切应力释放造成的误差或其他反对称误差。

利用导向孔提供自拘束的夹持方式进行切割(嵌入式切割方法)时，由于导向孔的存在会干涉孔周围区域的应力，加上导向孔加工本身造成一定的应力，因而导向孔周边的数据对构造切割面应力无效，应该舍弃。应用边缘切割方法时，线切割切入和切出区域(试样边缘)存在切割参数波动现象,边缘部分的数据也应该舍弃,不作为构造应力的数据。

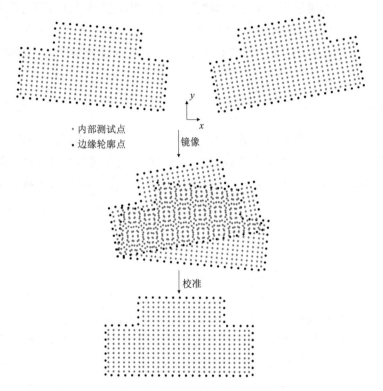

图 2-18 　两切割面校准过程[4]

此外,为了消除线切割本身造成的应力,可以利用无应力试样采用相同的切割参数进行切割,测试切割面的变形。应力试样的切割变形减去无应力试样的切割变形,最终变形量为所测应力释放造成的变形。

3)数据光滑拟合

为减少测试结果的噪声点,平均测试数据需要光滑处理。可以采用多项式、高阶傅里叶曲面等进行数据拟合。

建议采用双变量样条拟合(bivariate spline fitting)算法或者二维三次样条(cubic spline)进行数据拟合。双变量多项式是由多个分段多项式连接而成,每段多项式域由多个"结点"①定义。拟合过程是通过数据点和拟合点误差最小化来

---

① 结点(knot),也叫节点、控制点,本书为了与有限元模型的节点(node)区分,样条函数用"结点",有限元模型用"节点"。

实现的。结点的密度和多项式阶数影响最终拟合的数据。结点数越多,拟合数据与测试数据越接近,但光滑程度越低。可采用不同的结点进行双变量多项式拟合,然后将拟合后的数据与原始数据进行比较,选择最合适的光滑拟合曲面。也可编制自动拟合和数据比较程序代码,选择最合适的拟合结果。如编写自动计算程序代码,增加结点间距(减少结点数)获得拟合的曲面数据,然后进行后续的应力分析得到应力。

构造应力不确定度可以通过计算新得到的应力与前一次拟合曲面得到的应力的标准偏差来评估[19]。标准偏差的计算如下式:

$$\partial\sigma(i,j) = \frac{1}{\sqrt{2}}\left|\sigma(i,j)-\sigma(i,j-1)\right| \tag{2-4}$$

式中,$\sigma(i,j)$为第 j 次样条拟合(如较光滑样条拟合)得到的有限元模型中节点 i 的应力,$\sigma(i,j-1)$为上一次($j-1$)的样条拟合(如较粗糙样条拟合)得到的有限元模型中节点 i 应力结果。最终构造应力的平均不确定度(全局不确定度),用总体节点不确定度的均方根(root mean square, RMS)来表示:

$$\text{avg}\,\partial\sigma(j) = \frac{1}{\sqrt{n}}\sqrt{\sum_{i=1}^{n}[\partial\sigma(i,j)]^2} \tag{2-5}$$

式中,n 为有限元模型切割面上的节点数。

通过重复进行增加拟合结点数、拟合数据、计算应力和评估平均应力不确定度过程,最后根据最小平均应力不确定度来确定最优的拟合结点间距(即最优结点个数)。这种最优结点选择方法比较直观,但是比较耗时,因为每修改一次结点间距就要进行一次有限元的应力反算。

Toparli 等[20]采用拟合后变形数据和测试变形数据的标准偏差和不确定度均方根来高效获得最优结点。

对于应力集中和变化剧烈的区域,可以采用密集的结点来拟合,应力变化平缓的区域采用较大结点间距拟合。图 2-19 为线性摩擦焊接应力测试的切割面变形

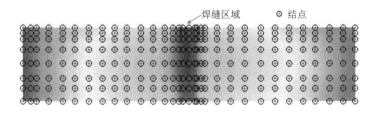

图 2-19　线性摩擦焊接接头切割面变形拟合结点分布[5]

拟合结点分布示意[5]，焊缝区域采用较密结点拟合，远离焊缝区域采用较稀疏结点来进行曲面拟合。

5. 应力构造(应力反算)

　　将光滑拟合后切割面变形作为有限元的边界条件，通过弹性有限元计算获得应力的过程即为轮廓法的应力构造步骤(即应力反算)。以切割后试样的一半尺寸建立三维有限元模型，并以拟合后数据点间距和8节点六面体单元划分网格，邻近切割面区域的网格细化，远离切割面区域采用粗网格划分以减少计算模型单元数。理论上以测试的变形面作为有限元模型建模，然后将变形面压回平面状态得到的应力为原始应力。实际上切割面的变形非常小(相对试样尺寸)，建模难度大。考虑到弹性有限元计算，建模时将切割面建成平面，施加反向变形数据与变形面压回平面状态得到的应力是一致的。

　　将光滑拟合后的变形数据根据有限元模型切割面上的网格节点坐标插值，然后作为边界条件施加到切割面相应节点上，即施加垂直切割面方向的位移约束(有限元模型中的切割面法向方向为坐标轴正向时，需要将变形数据反向)。为防止模型发生刚性移动，需要施加额外的位移约束，如图 2-20 所示的切割面变形方向为 z 方向，则模型中 P1 点施加 x 方向和 y 方向约束，P2 点施加 y 方向约束。材料模型仅需要考虑各向同性弹性材料，给出材料的弹性模量 E 和泊松比 ν 即可。对于包含多种材料的试样(如异种金属焊接接头、焊缝材料与母材明显不同的接头)，需要定义各区域不同的弹性模量 E 和泊松比 ν。对于各向异性的材料，需要定义不同方向的弹性材料属性。

　　进行弹性计算后，模型中切割面上的垂直切割面方向的应力即为构造的切割面上原始应力分布。通过商用有限元软件或者编程都可获得切割面的应力。

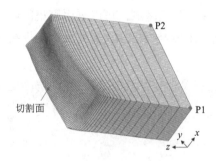

图 2-20　切割面上施加变形边界条件和额外位移约束点示意图

2.4　轮廓法应力测试的优势和局限性

1. 优势

(1) 轮廓法的测试理论成熟(断裂力学弹性叠加原理),操作方便,步骤简单(切割、变形测试和应力构造,仅仅需要通用工业设备和弹性有限元法),整个测试过程无辐射(相对衍射法)。

(2) 测试结果对材料组织和构件表面质量不敏感,适合各种导电材料(采用放电加工方式实现切割)。相对于衍射法之类对材料组织敏感的测试方法,轮廓法能测试组织梯度变化大和晶粒粗大的构件内部应力。

(3) 轮廓法是一种经济高效的应力测试方法,工业生产常用的高精度慢走丝线切割机(用于构件切割)和三坐标测量机(用于切割面变形测试)适用于轮廓法测试。

(4) 适合较复杂形状构件的内部残余应力测量,特别适合窄小区间剧烈变化残余应力(理论上能测试空间位置无限接近的两点间应力变化)。从已发表的文献看,轮廓法能测试 2~300mm 厚构件的内部应力,且适用于各种形状的构件,包括板、管、T 形件、异形件等。

(5) 轮廓法可以测量大尺寸构件横截面上的二维应力全貌分布,实现应力分布可视化,这是轮廓法的独特优势。如果仅仅要测试一维应力分布,其他测试技术更好(如裂纹柔度法)。当测试合适的构件且操作合理,其测试结果准确且可靠。基于多个验证性试验的研究表明,轮廓法测试结果的不确定度大约为 $125 \times 10^{-6} E$ (E 为弹性模量)。对于钢材,轮廓法测试误差约为 30MPa,对于铝材的测试误差约为 10MPa[21]。

(6) 采用多次切割方法[22]或者和其他应力测试方法结合[23],基于叠加原理能获得构件多个方向的应力全貌。

2. 局限性

1) 近表面(边缘)应力不确定性

采用轮廓法测试应力时,由于边缘位移数据测试和处理问题,近表面应力的测试不确定性比内部应力测试不确定性显著。此外,切割面边缘也无法满足恒定切割宽度假设,切割面上下表面(切入和切出区)或者切割开始结束端的切割宽度要比内部切割宽度稍宽。边缘位置的变形量也难以测量。因此,轮廓测试会造成表面应力更多的不确定性。轮廓法的应力不确定性区域大约为 0.5mm 深度。除非采用了特殊的方法对边缘位移或者应力进行了修正(如构件上粘贴一层金属材料作为牺牲层[24],将表面切割误差和测试误差转移到牺牲层上;或基于本征应变法构造整体应力进行修正[25]等),轮廓法测试的表层或表面应力仅仅作为参考。

2)尺寸和形状依赖性

轮廓法通常适合较大尺寸试样的内部应力测试。对于给定幅值的应力,测量应变不会随试样尺寸比例放大或缩小,因此钻孔法、裂纹柔度法等测试应变变化的应力测试方法对试样尺寸的依赖性较小。采用轮廓法测量表面形状来获得位移,对于相同应力分布,切割面的变形随试样尺寸变化。线切割表面粗糙度及其他切割缺陷的幅值相对稳定。当其他条件一致时,较大尺寸构件比小试样构件更容易测试变形轮廓。

当前技术条件下,表面轮廓的峰谷间距离最小为 $10\sim20\mu m$ 时,认为可以得到合理的结果,即测试切割面的变形小于 $10\mu m$ 时,可以认为测试试样为无应力试样,所得到的应力为测试误差。已发表的文献中,轮廓法能测试的最小试样厚度为 $3mm$[26](采用牺牲层方法能测试厚度 $2mm$ 的试样内部应力[24])。建议厚度大于 $3mm$ 的板状试样以及壁厚大于 $3mm$ 的管状试样可采用轮廓法测试内部应力。

小厚度试样或薄壁构件的轮廓法测试实现也是当前的研究方向。其中一种思路是采用导电胶在构件表面粘贴一层同质金属板(牺牲层),使得测试构件的厚度增加,然后进行切割和变形测试,粘贴金属层的变形不参与应力构造。因此切割和测试误差转移到粘贴金属层上,即作为牺牲材料(牺牲层)。但是粘贴牺牲层所用导电胶的电导率、牺牲层与测试构件之间的间隙会影响到切割质量,造成新的测试误差[27]。

此外,目前轮廓法对于规则形状如板、管等构件应用比较成熟,这类构件夹持方便,切割面规则,变形测试容易,有限元模型建立也方便。对于不规则形状,如涡轮、叶片、变截面或扭曲形状的构件,夹持、切割、变形测试和有限元建模都比较困难,因此应用较少。如不规则形状构件,需要设计复杂的夹持装置[12]。灵活、可组装、适应复杂形状的构件夹持装置也是轮廓法标准化和通用化的一个研究方向。

3)材料局限性

线切割是实现轮廓法测试的理想方法,但仅适合金属材料或其他能用线切割加工的少量种类材料。对于不导电构件如塑料、陶瓷、木材等材料内部应力测试,需要研究适合的切割方法(满足轮廓法测试的恒定切割、无额外应力产生等要求),如水刀切割、金刚线切割等,拓展轮廓法的应用场合。

4) 测试过程标准化和自动化程度低

目前轮廓法应力测试还没有成熟的标准参考。轮廓法测试过程包括四大步骤，每个步骤又包括几个分步骤，每一个步骤对于测试精度都有影响。轮廓法测试要求线切割加工操作、三坐标测量操作、有限元分析、应力评估分析的人员协同完成，涉及加工、变形测试、有限元分析、数据处理、力学基础知识等多学科知识的综合，对测试人员的知识背景要求较高。不同测试人员对每个步骤的理解和操作的不同，并且不同形状的试样测试过程有所区别（如复杂试样的夹持方式、有限元的构造），不同加工及测试设备的精度又有所不同，这给轮廓法的标准化带来很大困难。需要开发轮廓法测试的具有一定精度的整套设备（切割和变形测试）、数据应力处理软件和应力构造软件，保证轮廓法测试的精度和过程标准化，实现自动或半自动测试，最终实现标准化和自动化的轮廓法测试。

轮廓法的发明人 Prime 建立了网站（https://www.lanl.gov/contour/）介绍轮廓法及其应用，并提供了众多期刊论文、学位论文和会议论文、报告、书刊章节等的简单介绍和下载链接，以推广轮廓法应用。Johnson[5]、Prime 等[28]、Pagliaro[29]给出了基于 Matlab 软件进行插值、拟合数据处理和基于 ABAQUS 软件进行应力分析、误差分析的完整代码。Roy 等[30]基于 Python 语言开发了一款轮廓法数据处理和应力构造的开源软件。这些工作对于发展轮廓法应力测试技术，推动其实施过程标准化和自动化起到了积极作用。

我国在轮廓法应力测试的研究和应用上起步较晚，测试过程的标准化和自动化程度还在起步阶段，也未有较系统完整的中文介绍资料，这也是本书撰写的初衷。

2.5　本 章 小 结

本章介绍了轮廓法测试的基本原理、假设条件及近似规定，详细介绍了轮廓法的实施过程，最后介绍了轮廓法的优势及其局限性。

参 考 文 献

[1] Prime M B, Gonzales A R. The contour method: simple 2-D mapping of residual stresses[C]. Proceedings of Sixth International Conference on Residual Stresses, Oxford, UK, 2000, 1: 617-624.

[2] Prime M B. Cross-sectional mapping of residual stresses by measuring the surface contour after a cut[J]. Journal of Engineering Materials and Technology, 2001, 123(2): 162-168.

[3] Bueckner H F. The propagation of cracks and the energy of elastic deformation[J]. Journal of

Fluids Engineering, 1958, 80(6): 1225-1229.

[4]　Achouri A. Advances in the contour method for residual stress measurement[D]. London: The Open University, 2018.

[5]　Johnson G. Residual stress measurements using the contour method[D]. Manchester: University of Manchester, 2008.

[6]　Korsunsky A M, Hills D A. The solution of crack problems by using distributed strain nuclei[J]. Proceedings of the Institution of Mechanical Engineers, Part C: Journal of Mechanical Engineering Science, 1996, 210(1): 23-31.

[7]　Bagheri R. Several horizontal cracks in a piezoelectric half-plane under transient loading[J]. Archive of Applied Mechanics, 2017, 87(12): 1979-1992.

[8]　Prime M B, DeWald A T. The contour method[M]//Schajer G S. Practical Residual Stress Measurement Methods. New Jersey: Wiley-Blackwell, 2013: 109-138.

[9]　Traoré Y. Controlling plasticity in the contour method of residual stress measurement[D]. London: The Open University, 2013.

[10]　Xie P, Zhao H, Wu B, et al. Evaluation of residual stresses relaxation by post weld heat treatment using contour method and X-ray diffraction method[J]. Experimental Mechanics, 2015, 55(7): 1329-1337.

[11]　Prime M B, Hughes D J, Webster P J. Weld application of a new method for cross-sectional residual stress mapping[C]. Proceedings of the 2001 SEM Annual Conference on Experimental and Applied Mechanics, Portland, Oregon, 2001.

[12]　Javadi Y, Walsh J N, Elrefaey A, et al. Measurement of residual stresses induced by sequential weld buttering and cladding operations involving a 2.25Cr-1Mo substrate material[J]. International Journal of Pressure Vessels and Piping, 2017, 154: 58-74.

[13]　Gadallah R, Tsutsumi S, Hiraoka K, et al. Prediction of residual stresses induced by low transformation temperature weld wires and its validation using the contour method[J]. Marine Structures, 2015, 44: 232-253.

[14]　Sun T Z, Roy M J, Strong D, et al. Comparison of residual stress distributions in conventional and stationary shoulder high-strength aluminum alloy friction stir welds[J]. Journal of Materials Processing Technology, 2017, 242: 92-100.

[15]　Zhang C C, Shirzadi A A. Measurement of residual stresses in dissimilar friction stir-welded aluminium and copper plates using the contour method[J]. Science and Technology of Welding and Joining, 2018, 23(5): 394-399.

[16]　Prime M B. The contour method: a new approach in experimental mechanics[C]. Proceedings of the SEM Annual Conference, Albuquerque, New Mexico, 2009.

[17]　Hosseinzadeh F, Kowal J, Bouchard P J. Towards good practice guidelines for the contour method of residual stress measurement[J]. The Journal of Engineering, 2014, 2014(8): 453-468.

[18]　Gadallah R, Tsutsumi S, Yonezawa T, et al. Residual stress measurement at the weld root of

rib-to-deck welded joints in orthotropic steel bridge decks using the contour method[J]. Engineering Structures, 2020, 219: 110946.

[19] Prime M B, Sebring R J, Edwards J M, et al. Laser surface-contouring and spline data-smoothing for residual stress measurement[J]. Experimental Mechanics, 2004, 44（2）: 176-184.

[20] Toparli M B, Fitzpatrick M E, Gungor S. Improvement of the contour method for measurement of near-surface residual stresses from laser peening[J]. Experimental Mechanics, 2013, 53（9）: 1705-1718.

[21] Olson M D, DeWald A T, Prime M B, et al. Estimation of uncertainty for contour method residual stress measurements[J]. Experimental Mechanics, 2015, 55（3）: 577-585.

[22] Pagliaro P, Prime M B, Swenson H, et al. Measuring multiple residual-stress components using the contour method and multiple cuts[J]. Experimental Mechanics, 2010, 50（2）: 187-194.

[23] Pagliaro P, Prime M B, Robinson J S, et al. Measuring inaccessible residual stresses using multiple methods and superposition[J]. Experimental Mechanics, 2011, 51（7）: 1123-1134.

[24] Toparli M B, Fitzpatrick M E. Development and application of the contour method to determine the residual stresses in thin laser-peened aluminium alloy plates[J]. Experimental Mechanics, 2016, 56（2）: 323-330.

[25] 严益, 刘川, 王春景, 等. 基于本征应变法修正厚板轮廓法应力测试误差[J]. 焊接学报, 2019, 40（11）: 82-86.

[26] Richter-Trummer V, Moreira P M G P, Ribeiro J, et al. The contour method for residual stress determination applied to an AA6082-T6 friction stir butt weld[J]. Materials Science Forum, 2011, 681: 177-181.

[27] Liu C, Zhang J. Stress measurement and correction with contour method for additively manufactured round-rod specimen[J]. Science and Technology of Welding and Joining, 2022, 27（3）: 213-219.

[28] Prime M B, DeWald A T, Hill M R. Residual stress in a thick steel weld determined using the contour method[R]. California: University of California, 2001.

[29] Pagliaro P. Mapping multiple residual stress components using the contour method and superposition[D]. Palermo: Universitá degli Studi di Palermo, 2008.

[30] Roy M J, Stoyanov N, Moat R J, et al. pyCM: An open-source computational framework for residual stress analysis employing the contour method[J]. SoftwareX, 2020, 11: 100458.

第3章 轮廓法残余应力测试技术的验证

一种新的应力测试技术需要进行大量的验证性试验和数值计算来说明该技术理论基础的正确性和测试结果的准确性。本章介绍轮廓法应力测试的原理及测试过程的合理性验证、测试结果准确性的验证。测试原理和过程的合理性验证主要是通过有限元方法，测试结果的准确性通过标定试验或几种残余应力测试方法（如中子衍射法、深孔法、同步辐射 X 射线衍射法等）测试相同试样的结果相互比较来验证。本章从轮廓法测试原理验证、标定试验验证、其他应力测试方法验证三个方面来说明轮廓法应力测试技术的可靠性和准确性。

3.1 轮廓法测试原理验证

轮廓法测试原理验证主要通过有限元法模拟轮廓法的实施过程，验证其测试原理和过程。

3.1.1 二维有限元模型验证

Prime[1]最初采用二维有限元模型验证了轮廓法测试过程。在二维有限元模型中引入初始应力后实施轮廓法的测试过程（切割、获得切割面变形、利用切割面变形重新构造应力），然后比较初始应力和重构应力（反算应力），从而验证轮廓法的假设条件和测试过程。Prime 建立了长度为 2、高度为 1 的平面应力有限元模型模拟一梁试样（图 3-1），材料行为设为各向同性和线弹性，泊松比设置为 0.3，将残

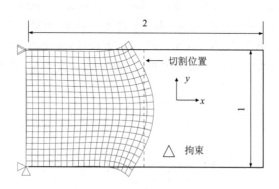

图 3-1 轮廓法验证的有限元分析模型[1]

余应力进行单位峰值归一化处理(即残余应力峰值为 1),设弹性模量为 1000。在ABAQUS 软件中通过用户子程序定义初始应力,然后进行初始分析以保证模型中应力平衡。

第一次模拟考虑切割平面内无剪切应力情况,即切割面上(中等长度位置)只有正应力 σ_x。模型一半长度内施加 x 方向应力,其表达式为

$$\sigma_x(y) = 6y^2 - 6y + 1 \tag{3-1}$$

式中,y 为梁的厚度(高度),其值为 $0 \leqslant y \leqslant 1$。

为满足自由边界条件和自平衡应力条件,梁两端 25%长度区域的应力与上式不符合。为模拟切割过程,第二步分析(第一步分析为获得平衡应力的初始分析步)去掉模型中的一半单元,获得切割面的变形,然后将变形反向后施加到另一个以一半梁尺寸建立的模型中(无变形无应力模型),得到切割面位置沿厚度(高度)应力分布与施加的初始应力比较如图 3-2 所示。图 3-2 中展示了仅仅施加 x 方向变形位移、施加 x 和 y 方向变形得到的正应力 σ_x(垂直切割面方向应力)和剪应力 τ_{xy}(切割面上应力)。从图 3-2 中看出,重构应力和初始应力完全重合,说明初始应力无剪应力条件下,轮廓法的测试结果准确。

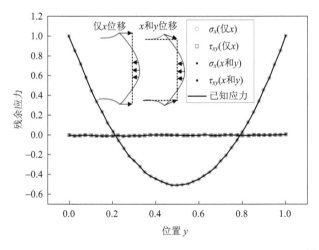

图 3-2　模拟的轮廓法应力结果(初始应力无剪切应力情况)[1]

Prime[1]也考虑了切割面上存在初始剪切应力 τ_{xy} 和正应力 σ_x 情况。x 方向应力通过式(3-1)引入,且随着 x 方向变化,在切割面上的应力满足以下表达式:

$$\partial \sigma_x(x,y) / \partial x = -\sigma_x \tag{3-2}$$

结合二维局部平衡条件(式(3-3))和自由表面条件,这种应力沿 x 方向的偏分条件形成了切割面的剪切应力分布(式(3-4)):

$$\frac{\partial \sigma_x}{\partial x} + \frac{\partial \tau_{xy}}{\partial y} = 0 \qquad (3\text{-}3)$$

$$\tau_{xy}(y) = 2y^3 - 3y^2 + y \qquad (3\text{-}4)$$

模拟在试样中等长度位置进行切割，获得切割面上的变形，并将 x 方向变形（垂直切割面方向的变形）作为边界条件进行应力反算，得到切割位置沿厚度（高度）的正应力和剪切应力分布如图 3-3 所示[1]。

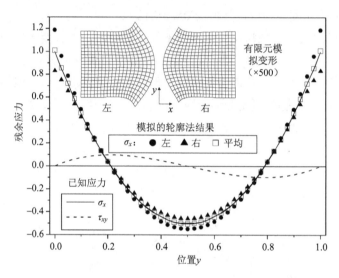

图 3-3　仅施加 x 方向变形的轮廓法应力和初始应力比较(初始应力含剪切应力)[1]

图 3-3 的结果说明，试样中包含了剪切应力，即使只能测试切割面上 x 方向的变形，轮廓法仍然能够准确获得切割面上的垂直方向应力。从图 3-3 中看出，两面变形轮廓获得的正应力平均值与初始应力完全匹配。图 3-3 中左侧面和右侧面的应力不一致，这是因为有限元模型中只施加了 x 方向变形，将左右两侧面上的应力进行平均就能获得与初始应力一致的结果。如果有限元模型中施加 x 方向和 y 方向的变形轮廓，两切割面上获得的应力完全一致。因此，图 3-3 结果验证了轮廓法实施过程的正确性。

3.1.2　焊接残余应力条件下的三维模型轮廓法试验过程验证

Gadallah 等[2]采用三维有限元法验证了在焊接残余应力条件下轮廓法测试过程的正确性。即先用热弹塑性法计算焊接残余应力，然后在包含焊接残余应力的模型上实施轮廓法切割过程，获得切割面上的变形，接着将变形施加到另外一个无应力无变形模型中(以切割后的试样尺寸建模)，构造出的应力与计算的焊接应力比较，从而验证焊接残余应力条件下轮廓法测试过程的正确性。其验证步骤如图 3-4 所示。

第 1 步：建立有限元模型模拟计算焊接应力(图 3-4(a))，该模型也作为验证轮廓法第 1 步(应力试样的切割)的计算模型。切割面区域的单元尺寸细化(0.1mm)，如图 3-5 所示。通过热弹塑性有限元法计算堆焊方式造成的焊接残余应力，焊接方法为熔化极气体保护焊(gas metal-arc welding, GMAW)，电流设置为 315A，电压为 30V，焊接速度为 200mm/min，焊接效率为 85%。

第 2 步：对含焊接残余应力的有限元模型进行切割(图 3-4(b))，获得切割面上的法向方向(x 方向)的变形。切割的计算是通过改变切割区域的单元刚度实现。

第 3 步：根据轮廓法的测试步骤，重新构造无应力模型，然后将获得的切割面法向变形施加到无应力模型中，通过弹性有限元法构造出轮廓法应力(图 3-4(c))。

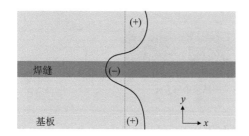

(a) 焊接产生残余应力σ_w

(b) 切割步σ

(c) 构造应力步σ_R

图 3-4　焊接残余应力及模拟轮廓法过程[2]

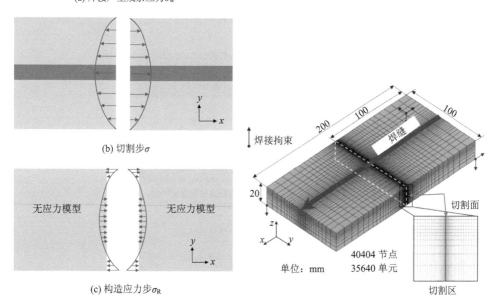

图 3-5　计算焊接残余应力和验证轮廓法的
有限元模型[2]

　　图 3-6 所示为热弹塑性法计算的焊接残余应力以及通过数值方法获得的轮廓法应力比较结果。从图 3-6 可以看出，热弹塑性法计算的焊接残余应力 σ_w 和模拟轮廓法测试应力 σ_R 符合较好，说明了轮廓法测试含复杂焊接应力试样的准确性。图中 σ_w 和 σ_R 的细微差别是因为模拟轮廓法测试应力时仅把法向位移作为边界条件施加到有限元模型中造成的。

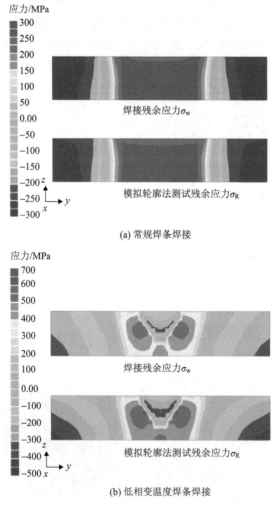

(a) 常规焊条焊接

(b) 低相变温度焊条焊接

图 3-6　计算的焊接残余应力和轮廓法应力[2]

3.2　轮廓法标定试验

设计制造已知应力分布的试样，然后进行试验测试，将测试结果和已知应力进行比较，这种标定试验可用来验证应力测试方法的准确性、标定测试误差以及研究误差来源。但应力本身具有不可见的特点，因此已知应力试样的准备比较困难，因而应力测试技术的标定试验也比较困难。高精度标定试验也是轮廓法等应力测试技术的重要研究方向。本节介绍用于轮廓法标定和验证的弯曲梁试验、压入试验及其相应的验证结果。

3.2.1　弯曲梁试验

Prime[1]设计了一种塑性弯曲梁，记录该梁弯曲过程的载荷和应变数据，得到该梁的一维应力分布，并将获得的应力应变数据输入到有限元模型中，获得三维残余应力分布，因此该梁为已知应力弯曲梁。该梁的初始尺寸为 43mm×43mm（方块），材料为不锈钢（21Cr-6Ni-9Mn），在 1080℃退火 1h 并在氩气中淬火处理。然后将该方块加工成最小截面尺寸为 30mm×10mm 的试样，并在真空环境下加热到 1080℃保持 15min，并以 100℃/h 的速度缓慢冷却。最后将该梁进行 4 点塑性弯曲，其外表面弯曲应变达到 0.57%后卸载，由于发生了塑性变形，该梁内部存在残余应力。试样弯曲过程测试应变和载荷，用以计算加载和卸载过程的拉伸和压缩应力应变曲线，最终获得弯曲梁的残余应力分布。材料的弹性模量为 194GPa，泊松比为 0.28。

采用轮廓法测试该弯曲梁的应力，比较测试结果和已知的梁内应力，从而标定和验证轮廓法测试结果。为保证轮廓法测试准确性，Prime 采用了 0.1mm 的镀锌铜丝（一般采用 0.25mm 的纯铜丝，Prime 研究表明纯铜丝切割的效果更好，无应力试样切割造成的误差小）在三菱 SX-10 慢走丝线切割机上进行切割（最终的切割槽宽度为 0.14mm）。切割时，对试样进行夹持，夹持方案如图 3-7 所示。切割前，将试样和夹持板浸泡在线切割机的去离子水槽中以确保切割过程无热应力产生。弯曲梁切割后，采用三坐标测量机（500mm 长距离误差为 3.5μm，分辨率 0.1μm）测试切割面的变形轮廓，测试环境的温度和湿度都严格控制。切割面变形测试网格为 50×300。切割面中等厚度位置线的变形轮廓结果如图 3-8 所示。由于测试时两切割面的基准面任意选择，故图 3-8 中所示两切割面相同位置的变形趋势一致，但幅值不一样（两侧测试曲线不重合）。

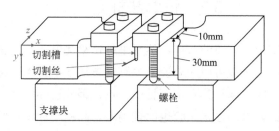

图 3-7　塑性弯曲梁切割时夹持方案[1]

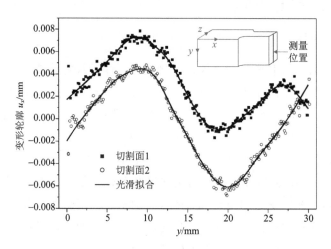

图 3-8　两切割面上中等厚度位置线上的 x 方向变形[1]

以切割后的一半梁来建立 3D 模型，两切割面的变形轮廓经过平均和光滑拟合后作为位移边界条件施加在切割面上，并施加三个额外的位移约束以防止模型刚性移动。施加边界条件后的变形有限元模型如图 3-9 所示。

采用镀锌铜丝切割相同材料无应力试样后，测试的切割面变形轮廓为弧状，而纯铜丝切割相同材料无应力试样的切割面变形轮廓无规律(约±1μm 的变形范围)，说明镀锌铜丝造成的切割误差大。将镀锌铜丝造成的切割误差修正后(减去无应力样切割后的变形轮廓)，得到的应力分布如图 3-10 所示。图 3-10 中也展示了弯曲梁的理论应力分布(通过记录应力应变曲线和有限元获得)以及修正镀锌铜丝切割误差后的应力。从图中看出，轮廓法测试的应力分布与弯曲梁的理论应力接近。

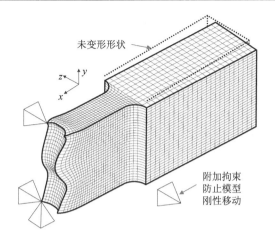

图 3-9　施加边界条件后的变形有限元模型[1]

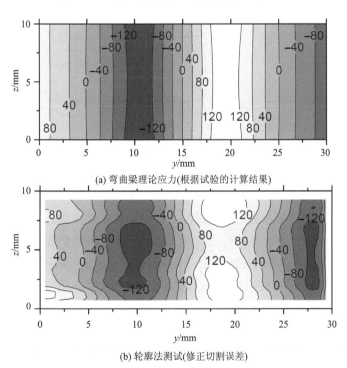

(a) 弯曲梁理论应力(根据试验的计算结果)

(b) 轮廓法测试(修正切割误差)

图 3-10　弯曲梁的理论应力分布和轮廓法测试应力分布[1](σ_x, MPa)

3.2.2　压入试验

Pagliaro 等[3]设计了一个压入试验以在一不锈钢圆盘上产生已知残余应力,试验设计如图 3-11 所示。该试验采用小直径压头压制不锈钢圆盘,压缩区域产生塑性变形，材料向径向方向扩展，在周围材料的拘束下，中心区域产生双向压缩应力(环向和径向方向)，周边区域会产生拉伸环向应力和压缩径向应力。这种应力状态也可以通过孔挤压试验获得，即采用一圆棒穿过一个带孔圆环来实现(棒–环试验)，圆环中心孔直径小于圆棒直径，由于孔周围材料的拘束，圆棒中形成双向压缩残余应力，圆环上形成压缩径向应力和拉伸环向应力。由于孔挤压试验的应力是不连续的，且轮廓法测试时切割棒–环试验件会造成两者分离，故压入试验适合轮廓法测试。

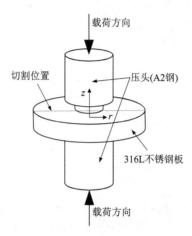

图 3-11　压入试验示意图[3]

Pagliaro 等[3]通过数值计算、中子衍射法和轮廓法测试获得该压入试验圆盘中的应力分布，比较三种方法结果的异同，从而验证轮廓法测试结果。不锈钢圆盘的直径为 60mm，厚度为 15mm，压头直径为 15mm。不锈钢圆盘和压头尺寸的设计是根据中子衍射法和轮廓法测试的分辨率而来。设计压头形状时避免尖角，从而避免应力集中。压头材料为 A2 工具钢，硬度为 58HRC，屈服强度为 1300MPa。不锈钢圆盘压入试验前，经过热处理消除初始应力。不锈钢材料力学性能经过循环压缩拉伸试验获得，用于数值计算的材料本构。并且材料本构关系(随动强化模型、各向同性强化模型和混合强化模型)的选择也通过有限元法和试验进行了标定和验证。压入试验过程测试压头和不锈钢圆盘的位移，并经过标定试验获得因测试设备柔度造成的位移测量误差。

轮廓法切割时，先对未经压入试验的试样进行切割，以控制测试误差(含应力样的切割面变形量减去无应力样切割面变形量)。切割面变形轮廓采用Taylor-Hobson TALYScan 250 激光扫描仪。切割面位置如图 3-11 所示，该位置面也是中子衍射法的应力测试面。有限元构造应力时，材料弹性模量为 193GPa，泊松比为 0.3。轮廓法测试两个圆盘环向应力分布，如图 3-12 所示。图 3-12 中两个圆盘测试的结果分布趋势基本一致，拉应力和压应力的峰值位置和大小也接近，说明了轮廓法测试的可靠性。三种方法获得的试验圆盘中等厚度位置环向应力分布如图 3-13 所示。

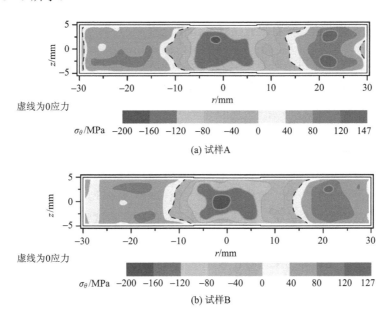

虚线为0应力

σ_θ/MPa　−200　−160　−120　−80　−40　0　40　80　120　147

(a) 试样A

虚线为0应力

σ_θ/MPa　−200　−160　−120　−80　−40　0　40　80　120　127

(b) 试样B

图 3-12　轮廓法测试的压入试验应力分布[3]

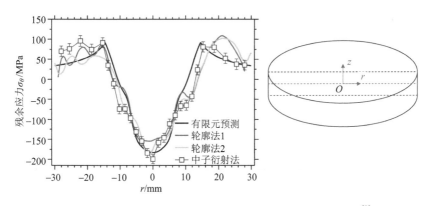

图 3-13　三种方法得到的中等厚度位置环向应力分布 (z=0) [3]

从图 3-13 中看出，三种方法获得的试验圆盘中等厚度位置的环向应力分布符合较好。Pagliaro 等[3]还比较了三种方法获得的试验圆盘表面应力分布，其符合程度也比较好，进一步说明了轮廓法测试的可靠性和准确性。进一步分析表明，轮廓法测试两个圆盘的均方根误差为 20MPa(0.01%E, E 为弹性模量)，说明轮廓法测试的精度较高。

3.3　轮廓法测试结果验证

3.3.1　轮廓法测试结果和有限元法计算结果比较

有限元数值计算和试验测试是研究金属焊接、热处理、增材制造、铸造、锻压等材料加工残余应力分布及其特征的主要方法。材料加工大多涉及温度和力的耦合作用，在准确反映加工过程传热和散热条件、材料随温度变化的力学行为、拘束条件以及组织变化等条件下，有限元能够准确反映加工残余应力，且能获得应力演化过程和各位置应力状态，可作为试验测试结果的验证。但在材料性能数据缺失、应力产生过程及拘束条件未知、构件经过长时间服役等情况下，有限元数值计算则显得无能为力。数值模型假设的合理性以及计算结果的准确性需要足够且准确的试验数据来验证。因此，有限元数值计算和试验测试是相辅相成的，可作为相互验证的工具。本节介绍轮廓法测试增材制造、热处理和焊接残余应力，并和相应的有限元计算结果进行比较，从而验证轮廓法应力测试技术。

1. 增材制造试样

Ahmad 等[4]采用轮廓法测试了激光选区熔化(selective laser melting, SLM)增材制造镍基合金 Inconel 718 试样的应力分布，并采用数值方法计算 SLM 试样的应力分布，将两者结果进行比较和相互验证。SLM 制备的镍基合金方块 (20mm×20mm×20mm)如图 3-14 所示。轮廓法测试时，采用 FANUC ROBOCUT α-C600iC 慢走丝线切割机和 0.25mm 纯铜丝(0.1mm 铜丝容易造成断丝)进行切割。试样的切割位置在图 3-14 中标记。表面变形采用蔡司（ZEISS CONTURA G2）三坐标测量机测试，测试点间距为 0.25mm，测试数据采用三次样条曲面拟合算法光滑拟合(4mm 的结点间距)。应力构造时，SLM 增材制造 Inconel 718 材料的弹性模量为 200GPa，泊松比为 0.278。

有限元计算时，采用固有应变方法构造试样内的应力。基于力学层等效概念，假设每一层焊道都经历了相似的热-力耦合条件，即每一层的固有应变一致，通过逐层施加固有应变进行弹性有限元计算，可以高效获得大构件的应力分布。有限元计算应力过程如下：采用 ABAQUS 的 Model Change 方法逐层添加材料，每层固有应变直接施加在单元的积分点上(使用 UEXPAN 用户子函数)，所有材料的弹塑性性能一致。预测和测试的应力分布如图 3-15 所示。从图中看出，两种方法得

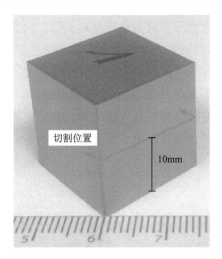

图 3-14　SLM 制备的 Inconel 718 试样[4]

有限元计算结果

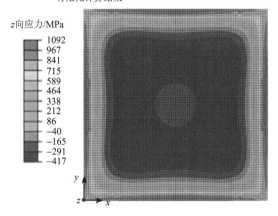

轮廓法测试结果

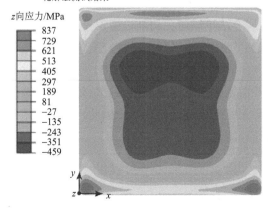

图 3-15　计算的 Inconel 718 方块沉积方向应力与轮廓法测试应力比较[4]

到的 SLM 制造的镍基合金应力分布形式基本一致，内部为压缩应力，边缘区域为拉伸应力，且两种方法得到的内部压缩应力分布接近(有限元计算得到的压缩应力峰值为–416MPa，轮廓法测试得到的压缩应力峰值为–459MPa)。

计算和轮廓法测试的试样沿切割面上中心线和对角线应力比较如图 3-16 所示。从图中看出，两种方法获得沿线 6 的应力分布形式和幅值都匹配得很好；沿线 3 的应力分布形式也符合很好，但表面区域两者的应力差异较大。线 3 上计算的应力在表面幅值最大，且出现在边缘中间位置，而轮廓法测试线 3 的最大应力出现在边缘角点位置。

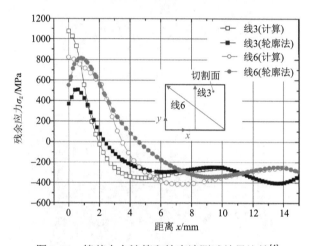

图 3-16   镍基合金计算和轮廓法测试结果比较[4]

轮廓法测试的应力峰值出现在距表面约 1mm 深度，预测结果峰值应力出现在边缘。这可能是轮廓法测试时切割、三坐标测量和数据处理造成的边缘误差。切割时，边缘上为切割丝切入和切出区域，容易造成误差，边缘的变形测试困难，也会形成误差(牺牲层方法可以避免切割边缘误差)。当然，数值计算的材料本构关系、材料经历 SLM 过程的组织和力学性能变化，边界条件的准确性也会引起相应的误差。采用表面应力测试方法，如 XRD 法或逐级钻孔法获得表面及浅表层应力，可修正和补偿轮廓法表层测试结果。总体而言，数值计算和轮廓法测试的结果在大于 1mm 深度区域符合得很好。因此，轮廓法用于增材制造应力测试结果得到有限元法计算结果验证。

2. 淬火试样

Prime 等[5]采用轮廓法测试 7050 航空铝合金锻件经过淬火处理后的残余应

力,并和数值计算结果进行比较。锻件(7050-T74)尺寸 107mm×158mm×359mm,试样经过固溶热处理后经 60℃水淬,该处理方式会产生较大应力。

　　轮廓法切割采用慢走丝线切割机和 0.15mm 直径的纯铜丝进行,切割面位置如图 3-17(a)所示,测试得到的应力为垂直切割面的 x 方向应力。有限元法计算时,固溶热处理到淬火过程仅仅考虑从 477℃迅速冷却到淬火温度过程(即将固溶热处理温度作为数值计算的初始温度)。图 3-17(b)和(c)所示为轮廓法测试的铝合金锻件淬火轴向应力和有限元计算结果。

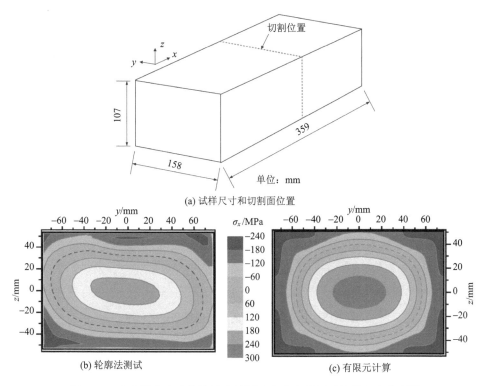

(a) 试样尺寸和切割面位置

(b) 轮廓法测试　　　　　　　　　　　　(c) 有限元计算

图 3-17　淬火铝合金试样的轮廓法测试应力和有限元计算应力分布[5]

　　从图 3-17 中看出,测试和计算的应力分布相似,但测试的峰值拉伸应力比计算结果低约 20%。Prime 计算时假设热边界条件四周是同时实现的,因此计算的应力分布比测试结果更对称。实际淬火过程,锻件在淬火液中的位置和方位都会影响传热条件,造成不对称的热传输。考虑到测试的准确性以及计算模型材料本构关系的精度,可认为测试结果和计算结果吻合很好。

3. 厚板多道焊接试样

本书作者采用两次切割轮廓法测试了 55mm 厚 Q345 钢板多道焊接纵向和横向残余应力分布，采用三维有限元法计算了该试样的应力分布[6]。将测试结果和计算结果进行比较，以此验证轮廓法对厚板多道焊接应力测试的准确性。焊接试样尺寸为 300mm×302mm×55mm，坡口形式为单 V 形式，坡口角度为 60°。该试样轮廓法的测试过程介绍及测试结果的分析详见本书 6.2 节。为说明有限元计算的可靠性，本节主要介绍有限元计算过程。三维热弹塑性有限元数值计算时，首先基于实际焊缝形貌建立有限元模型(图 3-18)，进行逐道逐层的焊接温度场计算，然后将计算的瞬态温度场结果作为载荷，进行热弹塑性结构分析，获得残余应力场。建立的有限元模型如图 3-19 所示。该模型包含 72240 个六面体单元和 76555 个节点。计算时，采用生死单元技术实现焊缝的逐道逐层生长，并考虑随温度变化的材料热物理性能和力学性能。为了提高计算效率，采用分段移动温度热源计

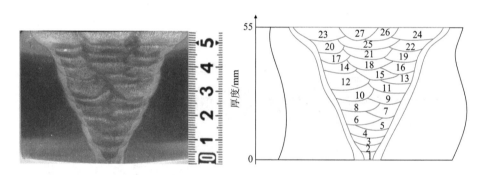

图 3-18　多道焊接试样的焊缝形貌和焊道顺序

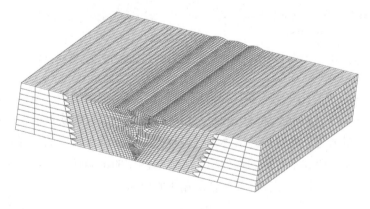

图 3-19　热弹塑性法有限元模型

算温度场，以减少标定热源参数的时间，并采用软化温度方法提高热弹塑性计算的收敛性。试样焊接时为自由态，焊接温度场计算时，施加自由对流边界条件；应力场计算时仅底部三个节点施加位移约束边界条件。

图 3-20 中画出了热弹塑性有限元法计算和轮廓法测试得到的焊缝中等长度位置横截面上的纵向残余应力(沿焊缝方向应力，即 x 方向应力)和焊缝中心位置的横向残余应力(垂直焊缝方向应力，即 y 方向应力)分布。轮廓法应力构造时，忽略了焊缝余高部分的变形轮廓，故图 3-20 中的轮廓法测试结果中焊缝区域没有

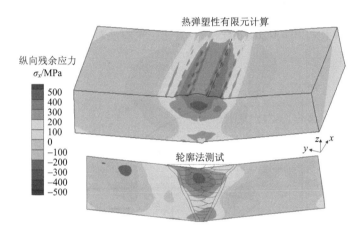

(a) 焊缝中等长度位置横截面纵向应力分布

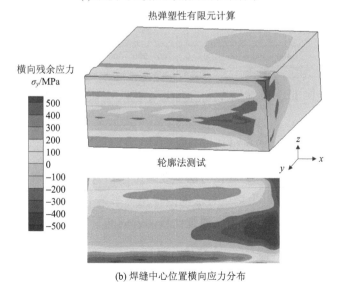

(b) 焊缝中心位置横向应力分布

图 3-20　有限元计算和轮廓法测试应力分布云图

余高。从图 3-20(a)中看出，轮廓法测试和有限元法计算的中截面上纵向应力分布趋势非常相似，焊缝及其邻近区域的纵向应力为拉伸应力，峰值拉伸纵向应力出现在焊缝中心一定深度位置；远离焊缝区域的纵向应力为−400～0MPa 的压缩应力与焊缝区域的拉伸应力平衡。从图 3-20(b)中看出，轮廓法测试的焊缝中心位置纵向截面上横向应力分布与热弹塑性有限元法计算的结果符合较好。

　　图 3-21 为焊缝中心位置第 1 次切割面上 L1 线(测试获得纵向应力)和第 2 次切割面上 L2 线(测试获得横向应力)上测试和计算的应力比较(两次切割面位置见第 6 章)。从图 3-21 中看出，轮廓法测试焊缝中心位置纵向和横向应力分布趋势与计算的结果相近。图 3-20 和图 3-21 验证了轮廓法对于厚板多道焊接残余应力测试的准确性。

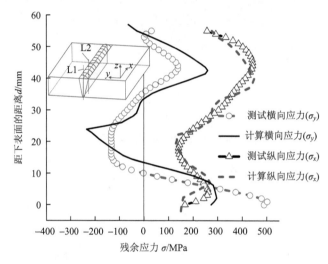

图 3-21　焊缝中心位置轮廓法测试和有限元计算的纵向和横向应力分布

3.3.2　轮廓法与其他应力测试方法比较

　　现阶段成熟的内部应力测试方法主要有中子衍射法、同步辐射 X 射线衍射法、裂纹柔度法、深孔法(以上测试方法的原理见本书第 1 章)。以成熟应力测试方法和轮廓法测试相同试样的应力，通过比较两者的结果也能验证轮廓法。

　　1. 轮廓法和中子衍射法测试堆焊试样的应力

　　Bouchard[7]介绍了轮廓法和中子衍射法测试不锈钢堆焊试样的应力结果。总共制备了 4 块试样，材料为 316L 不锈钢，板尺寸为 180mm×120mm×17mm。不锈钢试样先经过热处理（1050℃保温 45min 后炉冷）来消除加工应力，然后采用自动氩弧焊方法进行单道堆焊，焊接速度为 2.27mm/s，平均热输入为 0.633kJ/mm，堆焊尺寸长度为 60mm。试样照片、轮廓法切割后的照片和焊缝形貌如图 3-22 所示。应力评价线示意图如图 3-23 所示。

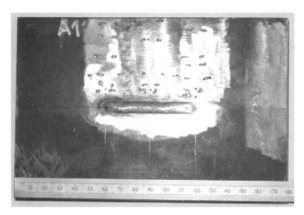

(a) 试样照片

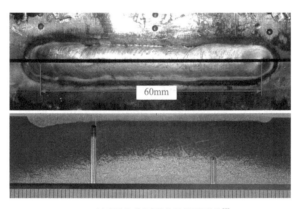

(b) 轮廓法切割后照片及焊缝形貌[7]

图 3-22　试样照片和焊缝形貌

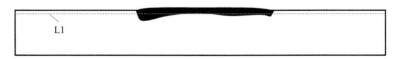

图 3-23　应力评价线示意图(L1 线为距上表面 2mm 位置线)[7]

中子衍射法测试在三个不同实验室进行，利用两种中子源（脉冲中子源和反应堆源）。中子衍射法和轮廓法测试的图 3-23 中 L1 线的横向应力结果如图 3-24 所示。图中轮廓法测试误差为±30MPa。图 3-24 结果表明，轮廓法测试堆焊试样的应力与中子衍射法测试的结果接近。中子衍射法测试的焊缝区域横向应力幅值稍高于轮廓法测试的结果。总体而言，轮廓法测试不锈钢堆焊试样结果准确性得到中子衍射法测试的结果验证。

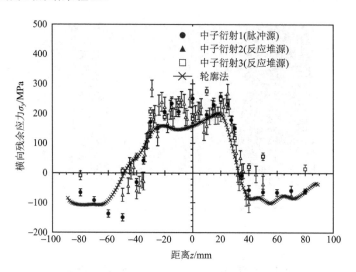

图 3-24　沿图 3-23 中 L1 线的测试横向应力[7]

2. 轮廓法、中子衍射法和深孔法测试 70mm 厚焊接试样内部应力

Woo 等[8]采用轮廓法(contour method, CM)、中子衍射法(neutron diffraction, ND)和深孔法(deep-hole drilling, DHD)测试了 70mm 厚铁素体钢焊接试样的内部应力。制备了两个热输入不同的焊接试样，其中一个试样为传统的低热输入(线能量小于 2kJ/mm 的药芯焊丝电弧焊)多道焊接而成，另外一件采用线能量为50kJ/mm 的高热输入一道焊接而成(气电焊接技术)。焊接试样设计为长 1000mm、宽 150mm 和厚 70mm。焊接完成后，试样切割成三部分，每部分长 230mm、宽300mm，分别用于轮廓法、中子衍射法和深孔法测试应力，如图 3-25 所示。中子衍射的应变扫描测试后，需要加工出无应力标定样的"梳状"参考样，其尺寸为长 10mm(x 方向)、宽 4mm(y 方向)、深 5mm(z 方向)。中子衍射法的规范体积为8mm³(2mm×2mm×2mm)。三种测试方法得到的应力结果如图 3-26 所示。

从图 3-26(a)看出，中子衍射法和轮廓法得到的纵向应力分布趋势基本一致。图 3-26(b)所示为距焊缝中心 0mm、30mm 位置中子衍射法和轮廓法测试的纵向应力比较(图中高热输入试样的轮廓法结果测试了两次，一次为图 3-25 中的轮廓

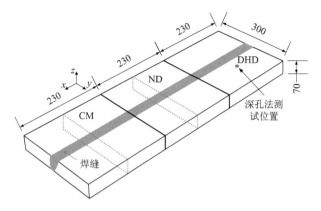

图 3-25　焊接试样及三种测试方法的测试位置(单位：mm)[8]

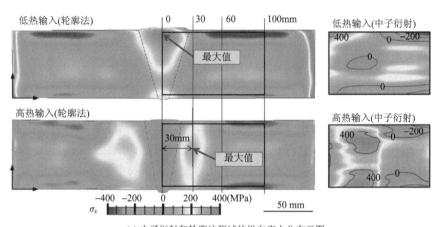

(a) 中子衍射和轮廓法测试的纵向应力分布云图

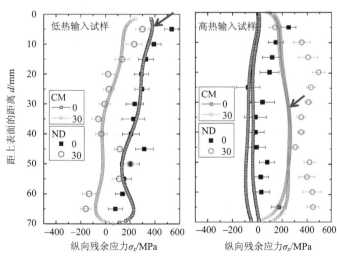

(b) 中子衍射和轮廓法得到的沿厚度变化纵向应力

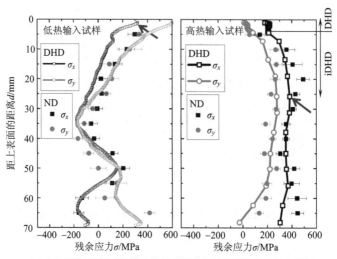

(c) 中子衍射和深孔法测试的沿厚度应力分布(距焊缝中心30mm位置)

图 3-26　轮廓法、中子衍射和深孔法测试结果比较[8]

法测试位置，一次为图 3-25 中的中子衍射法测试位置；图中箭头位置为峰值应力位置)，图 3-26(c)所示为中子衍射和深孔法测试的两个试样距焊缝中心 30mm 位置应力结果，图中高热输入试样采用深孔法(DHD)和逐级钻孔应力+深孔法(IDHD)进行测试。图 3-26 结果表明三种方法测试相同位置的纵向应力分布趋势相近，说明轮廓法测试厚 70mm 试样焊接残余应力得到中子衍射法和深孔法的验证。

3. 轮廓法和裂纹柔度法测试结果比较

Hosseinzadeh 等[9]采用轮廓法和裂纹柔度法测试了梁试样的应力分布，比较分析了两种方法的测试结果。试样尺寸如图 3-27 所示，材料为 316H 奥氏体不锈钢，其弹性模量为 195.6GPa，泊松比为 0.294。该梁的右边缘上表面采用电子束自熔焊方法焊接一道，这样能在边缘产生拉伸应力区域。

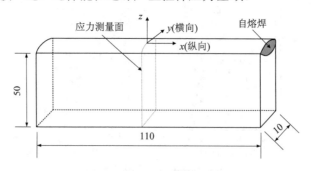

图 3-27　测试试样尺寸[9](单位：mm)

　　裂纹柔度法测试应力分为三步：①试样上渐进切割一窄槽（释放切割面上的应力，造成整个试样应力重分布）；②测试合适位置的渐进切割槽时的应变变化；③通过测试应变反推出初始残余应力分布。裂纹柔度法的切割位置在试样中等长度位置，底部切割位置处粘贴一应变花来记录切割过程中的应变变化，切割时试样一端夹持，另一端自由态，渐进切割，每次切割深度在不同区域变化，如上表面为 0.1mm，在梁底部为 1mm。

　　裂纹柔度法的切割也是采用慢走丝线切割机和直径 0.25mm 铜丝来实施。轮廓法和裂纹柔度法的切割位置一致，因此该试样只要经过一次切割，就能通过裂纹柔度法和轮廓法获得切割面上的纵向应力。但标准的轮廓法测试对称应力分布，切割时需要刚性夹持试样，且需要连续切割。该边缘焊接试样的应力为不对称应力，裂纹柔度法的夹持方式和切割方式不是理想的轮廓法切割方式。通过轮廓法的应力构造方式获得的切割面纵向应力分布如图 3-28 所示。裂纹柔度法和轮廓法测试纵向应力分布如图 3-29 所示。

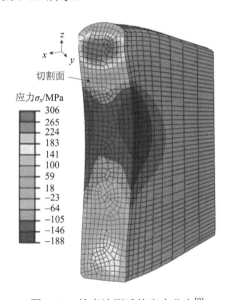

图 3-28　轮廓法测试的应力分布[9]

　　裂纹柔度法测试的是整个厚度上的平均应力，因此图中的轮廓法结果也是将厚度上的应力平均而来。从图 3-29 中看出，两种应力测试方法获得的纵向应力分布接近，拉伸应力和压缩应力峰值以及峰值出现位置也基本一致。因此，轮廓法测试结果得到裂纹柔度法的验证。

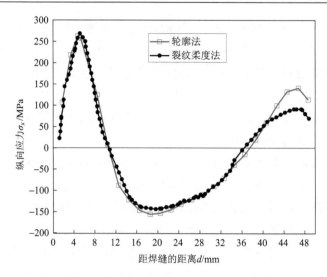

图 3-29　轮廓法和裂纹柔度法测试结果比较(轮廓法结果为整个厚度应力平均值)[9]

4. 轮廓法和同步辐射 X 射线衍射法测试钛合金线性摩擦焊接接头应力

线性摩擦焊接接头非常窄小(宽约 2~4mm),其焊接区经历强烈塑性变形,晶粒组织和力学性能变化大,残余应力在焊缝区域呈现大梯度变化特征。大多数应力测试技术不能反映窄小区域剧烈变化应力。轮廓法具有高空间分辨率特点,适合线性摩擦焊接接头的应力测试。

Frankel 等[10]采用轮廓法和同步辐射 X 射线衍射法测试了 Ti6Al4V 合金线性摩擦焊接接头的应力。焊接前试块尺寸为 26mm×13mm×70mm。制备了三种试样,即焊态和两种热处理态试样。两种方法测试的振动方向焊态应力比较如图 3-30 所示。轮廓法不受焊接接头热力影响区织构的影响,而衍射法受微观组织影响大,故不能测试到焊缝区域的应力。

从图 3-30 中看出,两种方法测试的焊态应力分布趋势符合很好,应力分布宽度几乎一致。但轮廓法测试的焊态应力峰值比中子衍射法测试结果低 30%。热处理态 1 试样轮廓法测试的峰值应力明显低于同步辐射测试结果;热处理态 2 试样两者测试结果相近。轮廓法和中子衍射法测试该线性摩擦焊接接头应力结果差异的原因可能有:①轮廓法测试时夹持刚度不够大,造成切割过程的刚性移动,从而造成切割路径偏差,产生轮廓法测试误差;②轮廓法切割时的变形数据处理时未能反映出焊缝区域的变形梯度造成轮廓法测试误差(切割面变形测试点密度为 0.1mm,能获得特征变形量,但测试数据光滑拟合算法需要进一步改进以更精确地反映焊缝区域的变形梯度);③线性摩擦焊接造成焊缝及邻近区域组织产生严重塑性变形，晶粒剧烈变化，同步辐射 X 射线衍射法测试焊缝区域的应力存在一定误差。

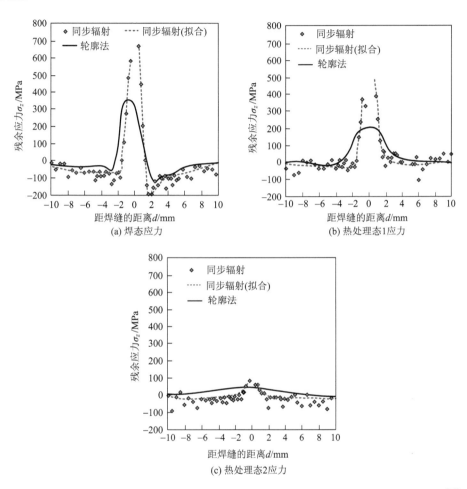

图 3-30 　轮廓法和同步辐射 X 射线衍射法测试 Ti6Al4V 钛合金线性摩擦焊接接头应力[10]

5. 轮廓法和中子衍射法测试镍基合金线性摩擦焊接接头应力

Smith 等[11]采用未使用过的 Inconel 718 合金和服役后的合金(virgin-to-in-service, V-IS 试样)进行线性摩擦焊，模拟航空发动机构件修复焊接状态，采用中子衍射法和轮廓法表征接头各区域的应力，并比较未服役材料焊接接头(virgin-to-virgin, V-V 试样)的应力状态。考虑到中子衍射法测试结果为一定体积内的平均应力，将轮廓法测试结果在中等厚度位置±2mm 的区域进行平均后与中子衍射测试结果比较，如图 3-31 所示。从图中看出，两种测试方法的应力分布趋势基本一致，两种方法都反映了接头的应力变化趋势，都能表征焊缝区域的大梯度变化特征。但两者测试得到的峰值应力有所区别，如表 3-1 所示。

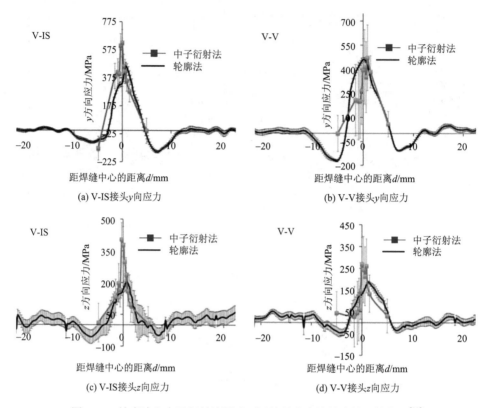

图 3-31　轮廓法和中子衍射法测试不同镍基合金线性摩擦焊接接头[11]

表 3-1　轮廓法和中子衍射法测试结果比较[11]

试样	轮廓法测试的峰值应力		轮廓法应力相对中子衍射法的差异/%	
	y 方向应力 σ_y/MPa	z 方向应力 σ_z/MPa	y 方向应力 σ_y	z 方向应力 σ_z
V-V	460	186	−2.3	−30.8
V-IS	480	203	−26.7	−50.6

从图 3-31 和表 3-1 结果看出，轮廓法测试的焊缝界面区域的 z 方向峰值应力比中子衍射法低 30%～50%。y 方向测试结果仅在 V-IS 试样中轮廓法测试结果比中子衍射法低 27%。这种情况可能是由于轮廓法测试中没有考虑到组织变化(相变)，没考虑到焊缝区域的冶金状态变化及其组织变化造成的局部区域力学性能变化。因此，对于组织及力学性能各向异性比较严重的试样测试，建议考虑组织和

力学性能的变化，进行轮廓法精细测试。两种测试方法的差异也可能是试样尺寸造成的。文献[11]测试试样尺寸较小，切割造成的应力释放可能发生在整个试样上，而不是发生在切割面上，造成轮廓法的测试误差。

以上两小节的研究内容表明：轮廓法和中子衍射法、同步辐射 X 射线衍射法都能反映窄小焊缝大梯度应力分布，轮廓法测试应力峰值比衍射法低。考虑到每种方法存在一定的测试误差，可以认为对于窄小区域应力测试，轮廓法得到了中子衍射法和同步辐射 X 射线衍射法的验证。

6. 轮廓法和中子衍射法测试低幅值应力试样

每一种残余应力测试技术都存在一定误差，对于低幅值残余应力，测试误差对真实应力的干扰增加，测试准确性会有所降低。Prime 等[12]采用轮廓法测试了经过切割后的搅拌摩擦焊接试样的应力(低幅值应力)，并和中子衍射法测试结果比较。研究对象为厚 25.4mm 的 7050-T7451 和 2024-T351 铝合金板搅拌摩擦焊接而成，尺寸为 305mm×457mm。焊接后经过 121℃+24h 时效处理。从焊接试样中截取 54mm×162mm 试样来进行残余应力测试。截取试样的残余应力经过释放和重分布，为低幅值应力状态。图 3-32 为焊接试样和截取试样尺寸示意图。

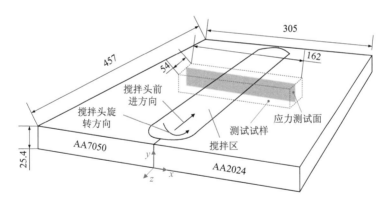

图 3-32　焊接试样及截取试样尺寸示意图(单位：mm)[12]

轮廓法切割前用无应力样进行试切割，以表征切割造成的误差并在应力样测试时将该切割误差进行修正。轮廓法测试时的试样切割速度为 13.5mm/h，切割面的变形轮廓测试采用 Keyence LT-8105 共聚焦激光测距探头测试(名义精度为±0.2μm)，有限元构造应力时材料的弹性模量为 73.1GPa(2024 铝合金)和74.5GPa(7050 铝合金)，泊松比为 0.3。轮廓法的切割面位置如图 3-33 所示，测试应力方向为 z 方向，最终得到的小试样应力分布如图 3-34 所示。

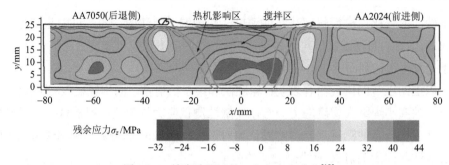

图 3-33　轮廓法测试的 z 方向应力分布[12]

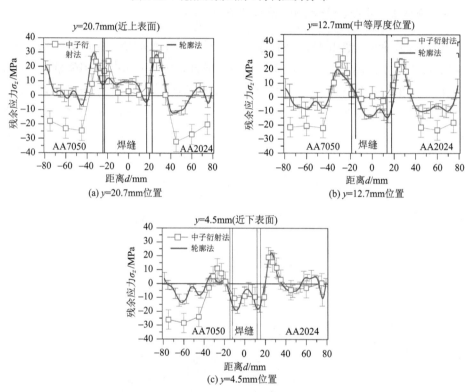

图 3-34　轮廓法和中子衍射法测试的应力比较[12]

　　从图 3-33 中看出，测试得到的应力范围在 –30～32MPa，仅仅为弹性模量的 0.04%。如此小的应力状态下，切割面的表面轮廓变形特征明显，评价测试不确定性为 ±5MPa。

　　Prime 还采用中子衍射法测试了该低应力试样，轮廓法和中子衍射法测试的上、下表层位置(y=20.7mm，y=4.5mm)及中等厚度位置(y=12.7mm)的应力比较如图 3-34 所示。轮廓法测试结果和中子衍射法测试结果在焊缝区域符合很好，但在母材区域有差异。可能是中子衍射测试所用的晶格间距 d_0 在试样不同位置受拉伸应力有所变化而造成测试误差。此外，母材中的晶间应力也会影响衍射法测试精度。总体而言，两种测试方法测试的峰值应力为 32MPa，低于材料弹性模量的0.05%，且两者测试结果在焊缝区域符合很好，验证了两种方法测试低幅值应力的可靠性。

3.4　本章小结

本章介绍了轮廓法应力测试技术的验证。科研人员采用有限元法验证了轮廓法的测试原理、开展了标定试验和有限元计算验证了轮廓法测试结果。轮廓法测试结果还和其他应力测试方法得到的结果进行了比较，包括中子衍射法、深孔法、裂纹柔度法、同步辐射 X 射线衍射法等。计算和试验验证结果说明轮廓法的测试原理正确、测试结果可靠，且适合多种材料、多种结构形式的试样内部应力测试，此外轮廓法对于低幅值应力试样测试精度与中子衍射法相近。

参 考 文 献

[1] Prime M B. Cross-sectional mapping of residual stresses by measuring the surface contour after a cut[J]. Journal of Engineering Materials and Technology, 2001, 123（2）: 162-168.

[2] Gadallah R, Tsutsumi S, Hiraoka K, et al. Prediction of residual stresses induced by low transformation temperature weld wires and its validation using the contour method[J]. Marine Structures, 2015, 44: 232-253.

[3] Pagliaro P, Prime M B, Clausen B, et al. Known residual stress specimens using opposed indentation[J]. Journal of Engineering Materials and Technology, 2009, 131（3）: 031002.

[4] Ahmad B, van der Veen S O, Fitzpatrick M E, et al. Residual stress evaluation in selective-laser-melting additively manufactured titanium（Ti-6Al-4V）and Inconel 718 using the contour method and numerical simulation[J]. Additive Manufacturing, 2018, 22: 571-582.

[5] Prime M B, Newborn M A, Balog J A. Quenching and cold-work residual stresses in aluminum hand forgings: contour method measurement and FEM prediction[J]. Materials Science Forum, 2003, 426/432（1）: 435-440.

[6] 刘川, 沈嘉斌, 陈东俊, 等. 大厚板内部焊接残余应力分布实验研究[J]. 船舶力学, 2020, 24（4）: 484-491.

[7] Bouchard P J. The NeT bead-on-plate benchmark for weld residual stress simulation[J]. International Journal of Pressure Vessels and Piping, 2009, 86（1）: 31-42.

[8] Woo W, An G B, Kingston E J, et al. Through-thickness distributions of residual stresses in two extreme heat-input thick welds: A neutron diffraction, contour method and deep hole drilling

study[J]. Acta Materialia, 2013, 61 (10) : 3564-3574.

[9]　Hosseinzadeh F, Toparli M B, Bouchard P J. Slitting and contour method residual stress measurements in an edge welded beam[J]. Journal of Pressure Vessel Technology, 2012, 134 (1) : 011402.

[10]　Frankel P, Preuss M, Steuwer A, et al. Comparison of residual stresses in Ti-6Al-4V and Ti-6Al-2Sn-4Zr-2Mo linear friction welds[J]. Materials Science and Technology, 2009, 25 (5) : 640-650.

[11]　Smith M, Levesque J B, Bichler L, et al. Residual stress analysis in linear friction welded in-service Inconel 718 superalloy via neutron diffraction and contour method approaches[J]. Materials Science & Engineering: A, 2017, 691: 168-179.

[12]　Prime M B, Gnäupel-Herold T, Baumann J A, et al. Residual stress measurements in a thick, dissimilar aluminum alloy friction stir weld[J]. Acta Materialia, 2006, 54 (15) : 4013-4021.

第 4 章 轮廓法残余应力测试技术的误差来源、评价及修正

轮廓法应力测试技术的实施过程包括以下几步：试样切割、切割面变形测试、数据处理和应力构造。轮廓法残余应力测试的各个步骤都会引起误差，包括切割误差、表面变形测试误差、数据处理误差及应力构造误差。这些误差会累积成为轮廓法应力测试误差，最终决定了轮廓法测试的精度。

试验测试误差包括系统误差和随机误差。Prime 等[1]认为切割造成的塑性和局部材料凸出以及隆起(膨胀)误差是轮廓法的主要系统误差，这些误差会降低轮廓法测试应力的幅值，造成测试应力的相位偏移。塑性误差可能出现在测试高应力场试样，如焊接或表面处理试样；材料膨胀误差容易发生在试样为非刚性夹持情况下。Prime 等[2]和 Olson 等[3]将轮廓法随机误差分为两类：一类是由于切割表面变形引起的不确定性。这类随机误差主要是切割造成的表面粗糙度以及测试表面变形的误差，都与切割面的位移(变形)数据噪声相关，统称为位移(或变形)误差(displacement error)；另一类误差来自切割面变形数据处理过程引起的不确定性，即使采用了最优的光滑拟合函数和算法，也不能保证准确挖掘了变形数据的本质形式，这类随机误差称作模型误差(model error)。

本章介绍轮廓法应力测试误差的来源、误差评价方法、误差降低及误差修正的方法。

4.1 切割造成的误差及修正

切割过程不确定性带来的误差是轮廓法系统误差的主要来源之一。根据切割误差对切割面的影响分为反对称误差(anti-symmetric error)和对称误差(symmetric error)。

4.1.1 反对称误差及修正

反对称误差通常来自剪切应力释放、不规整弯曲切割路径、切割时试样仅夹持一侧或切割时不对称夹持情况。试样切割后，切割面上的不对称变形为正应力引起的对称变形和反对称变形两部分叠加。两个切割面上的反对称变形特征可以

通过将两面的变形进行平均来减小(图 4-1(a)),弯曲切割路径造成的反对称变形也可以通过两面变形平均来减小(图 4-1(b))。因此,反对称误差可以通过将两切割面的变形平均处理来减小。

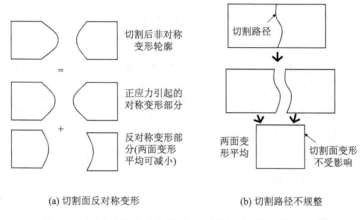

(a) 切割面反对称变形　　　　　　　　　(b) 切割路径不规整

图 4-1　切割后的反对称误差及两面变形平均后的影响[1]

4.1.2　对称误差

正应力的弹性释放会引起切割面的对称变形,轮廓法需要测试这种对称变形并用来反求应力。但是有几种误差源也会引起切割面的对称变形特征,即所测试的对称变形中也包含了误差,而且这种误差无法用两面变形的平均来减小。引起对称误差的来源可分为应力无关误差来源和应力相关误差来源两种,这两种误差来源及其修正方法介绍如下。

1. 应力无关误差来源及修正

1)应力无关误差来源

应力无关误差主要来自以下几个方面:①局部切割不平整。如试样中存在异物,切割过程断丝或过烧(切割能量过大)造成的切割面局部不平整;切割熔化金属在表面重新凝固形成重铸层[4]等(图 4-2);切割丝切入和切出区域容易出现切割参数不稳定现象,从而造成切入切出缺陷,如切入切出边缘呈喇叭形[5],图 4-3(a)为线切割加工切入侧和切出侧示意图,图 4-3(b)为切入切出边缘喇叭状变形。这些局部切割不平整误差通常影响范围较小,一般为切割丝直径尺度,可以通过手工方式从原始数据中剔除或通过数据光滑拟合方式移除。②切割宽度变化。如构件材料不均匀、异种金属构件、变厚度构件等情况使切割宽度或切割参数变化。

③切割丝振动造成的"碗状"变形(图 4-4)。

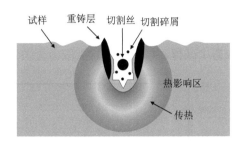

图 4-2 线切割重铸层示意图[4]

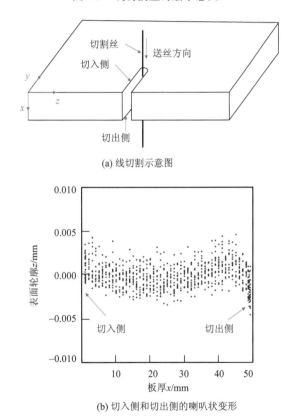

(a) 线切割示意图

(b) 切入侧和切出侧的喇叭状变形

图 4-3 线切割示意图和无应力样切入切出的喇叭状变形

2)应力无关误差修正

(1)切割参数优化及无应力样切割。

大多数的应力无关切割对称误差(如切割丝振动和过烧造成的切割误差),可以通过在相同材料无应力试样上进行试验切割,找到最合适的切割参数并修正相应的切割误差来避免。如在新切割面上再切割一小片材料(约 1mm 厚),该小片材料上没有应力,且切割后的变形不受应力影响,测试该无应力状态下的切割变形(切割造成的误差)(图 4-4 为切割无应力样得到的碗状变形形貌[5]),将这些误差从应力测试的变形数据中减掉,即可修正这类应力无关切割对称误差。

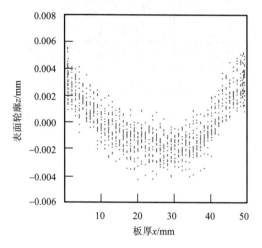

图 4-4   无应力样切割面碗状变形[5]

(2)使用牺牲层。

切割面上大面积的表面波纹[4](图 4-5),以及幅值大于线径的缺陷(如断丝引起的切割痕迹)无法通过数据处理移除。在试样上下表面使用牺牲板或牺牲块(用导电胶粘上相同材料的板或块),或者在切入切出端也粘上牺牲块[6](相当于焊接的引弧熄弧板,如图 4-6 所示),也能避免应力无关的切割对称误差(如图 4-3(b)中的切割边缘呈喇叭形(flared edge))。

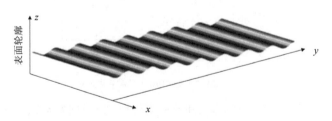

图 4-5   表面波纹切痕[4]

在切割路径上粘贴牺牲板方式还可将边缘测试误差转移到牺牲板上。图 4-7(a)为切割面边缘的变形测试,探针以设定的测试间距测试移过边缘位置时,其最低端没有接触到边界(探针侧面接触到边界),可能会出现明显的测试误差;图 4-7(b)

为加牺牲块后的边界变形测试，探针移过切割面边界不会出现探针侧面接触到切割边界的问题。

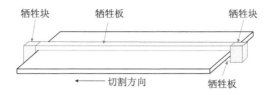

图 4-6　测试试样切割路径加牺牲板和两端加牺牲块的示意图[6]

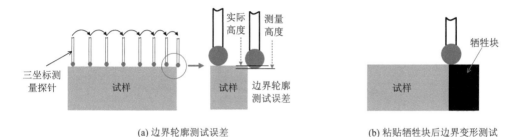

(a) 边界轮廓测试误差　　　　　　　　　　　　　(b) 粘贴牺牲块后边界变形测试

图 4-7　粘贴牺牲块后切割面边界测试误差修正试样

Toparli 等[7]采用牺牲板方式实现了 2mm 厚激光喷丸处理试样的应力测试，切割后试样截面照片如图 4-8 所示。Mahmoudi 等[8]在中空筒状试样中粘上金属轴实现了中空试样的轮廓法应力测试，避免了内表面切割造成的喇叭状变形，测试试样如图 4-9 所示。Liu 等[9]采用粘贴牺牲块(钢块)方法测试了增材制造实心棒状试样的应力，降低了表面的切割和测试误差，如图 4-10 所示。但 Liu 等[9]认为钢块、导电胶和试样材料的电导率不一致，以及钢块与试样的贴合度不够易造成切割痕迹，引起新的测试误差。本书第 7 章将介绍该棒状试样的详细测试过程和表层误差修正方法。

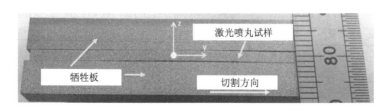

图 4-8　粘贴牺牲板薄片试样的切割面照片[7]

图 4-9　粘贴牺牲块的中空试样[8]

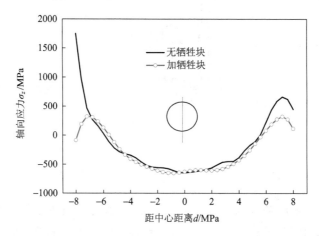

图 4-10　棒状试样粘贴牺牲块与无牺牲块的应力测试结果比较[9]

(3)本征应变重构应力法。

Liu 等[9]提出一种修正轮廓法表层切割误差的方法,该方法基于本征应变反分析思想,利用轮廓法测试部分结果重新构造出切割面的全局应力,达到修正轮廓法表层应力测试误差的目的。

本征应变是指引起残余应力的源,包括任何一种产生应力的固有应变[10]。本征应变分布与构件的形状无关,与产生本征应变的制造方法和工艺相关。构件内的本征应变是未知的,通过试验测试能获得有限位置和数量的应力或应变。因此,获得本征应变的过程为反问题,即从少数已知应力或应变值来推导产生这些应力应变的本征应变分布。一旦得到本征应变的分布,就可以获得全部的应力或应变分布。该问题也成为本征应变反分析问题[10]。

对于轮廓法测试的应力结果,尽管轮廓法能获得整个切割面上的应力分布,但表层应力存在较大误差。如果能以内部的较准确应力作为基础(认为表层应力没有测试出来),推导出产生应力的本征应变分布,重新构造出包括内部和表层的应力分布，那么构造的表层应力就可以修正表层应力分布。

本征应变反分析的过程如下[10]：

假设二维区域内的本征应变分布表达为一系列基函数的线性叠加，即

$$\varepsilon^*_z(x,y) = \sum_{k=1}^{K} c_k f_k(x,y) \tag{4-1}$$

式中，c_k 是未知系数；f_k 为表征本征应变的基函数，可以表达为两个多项式的乘积，代表两个方向的本征应变分布，即

$$f_k(x,y) = f_i(x)g_j(y) \tag{4-2}$$

设 $s_k(x,y)$ 是 k 阶本征应变基函数得到的应力，坐标为 (x_q,y_q) 的第 q 个试验测试位置点的 k 阶本征应变构造应力为 $s_{kq}=s_k(x_q,y_q)$。

由于本征应变的线性叠加，第 q 个试验测试位置点的最终本征应变构造应力 T_q 为各阶本征应变在该点构造应力的线性叠加，且叠加系数与式(4-1)中的本征应变叠加系数一样，即

$$T_q = \sum_{k=1}^{K} c_k s_{kq} \tag{4-3}$$

设 t_q 为坐标 (x_q, y_q) 的第 q 个试验测试点的应力值。采用本征应变构造应力结果和试验结果两者差值的平方和来评价构造应力结果，即

$$J = \sum_q \sum_k (c_k s_{kq} - t_q)^2 \tag{4-4}$$

这样，本征应变的反问题成为求解使式(4-4)中 J 值最小的未知系数 c_k 问题。该问题可以通过求解 J 对于 c_k 的偏导方程获得，即

$$(\partial J / \partial c_k) = 0, \quad k=1,2,\cdots,K \tag{4-5}$$

式(4-5)可以改写成下式：

$$\partial J / \partial c_k = 2\sum_{q=1}^{Q} s_{kq} \left(\sum_{m=1}^{K} c_m s_{mq} - t_q \right) = 2\left(\sum_{m=1}^{K} c_m \sum_{q=1}^{Q} s_{kq}s_{mq} - \sum_{q=1}^{Q} s_{kq}t_q \right) = 0 \tag{4-6}$$

引入以下矩阵和向量：

$$\boldsymbol{S} = \{s_{kq}\}, \quad \boldsymbol{t} = \{t_q\}, \quad \boldsymbol{c} = \{c_k\} \tag{4-7}$$

将式(4-7)改写成以下矩阵形式：

$$\boldsymbol{A} = \sum_{q=1}^{Q} s_{kq}s_{mq} = \boldsymbol{SS}^{\mathrm{T}}, \quad \boldsymbol{b} = \sum_{q=1}^{Q} s_{kq}t_q = \boldsymbol{St} \tag{4-8}$$

因此，式(4-6)可以改写成以下形式：

$$\partial J / \partial c_k = 2(\boldsymbol{Ac} - \boldsymbol{b}) = 0 \tag{4-9}$$

即得到

$$\boldsymbol{Ac} = \boldsymbol{b} \tag{4-10}$$

式中，$\boldsymbol{A}$ 和 $\boldsymbol{b}$ 可由预设的本征应变基函数构造应力以及试验测试结果通过式(4-8)计算得到。因此，本征应变反分析问题就变成求解式(4-10)中未知系数向量 $\boldsymbol{c} = \{c_k\}$ 的问题。已知一旦获得未知系数 $\boldsymbol{c}$，代入式(4-1)中，利用等效热应变方式或给模型施加初始应变方法就可构造出应力分布。

计算时，将材料模型的各向异性热膨胀系数定义为随节点位置变化的函数，即在模型任意节点，热膨胀张量的每个分量都等于它对应的本征应变分量，施加单位温度载荷并求解获得应力；也可设置材料各方向的热膨胀系数为单位 1，各方向施加与本征应变分量一致的温度载荷并求解获得应力。

以部分轮廓法内部数据 t_q 为基础，构造本征应变分布的步骤如下：

①有限元模型建立。以试样几何尺寸建立二维或者三维有限元模型，本征应变区域需要采用较小网格划分。如焊接试样，由于本征应变存在于试样焊缝区局部区域，需用细网格划分焊缝区域。

②有限元迭代计算。根据轮廓法测试的应力分布特征选择合适的本征应变基函数。尽管本征应变的基函数可以为任意多项式函数(如切比雪夫、幂级数、勒让德多项式等)，但与测试应力分布特征近似的函数有利于快速获得计算结果。以本征应变基函数各项作为本征应变，并以热应变形式施加到热弹性有限元模型上，进行有限元计算(ABAQUS 软件可以通过用户子程序定义"UEXPAN"来模拟温度变化引起的热应变，即以本征应变分布表达的热膨胀系数赋予单位温度变化进行热弹性计算；ANSYS 软件可以将各节点坐标用基函数计算的值作为温度加载模拟热应变，即材料热膨胀系数为单位 1，加载以本征应变分布表达的温度)。

③本征应变未知系数求解。在迭代计算完成后，提取以各项基函数作为热应变计算的应力值，利用式(4-8)求解获得本征应变未知系数 c_k。

④本征应变法构造全局应力分布。将获得的系数 c_k 与本征应变基函数各项相乘，即为构造的本征应变分布，然后将该本征应变分布施加到计算模型中进行热弹性计算，即得到本征应变法构造的应力分布。

如果以 X 射线衍射法或者小孔法测试的表面(表层)应力加上内部轮廓法测试应力来构造本征应变分布，最终获得的全局应力对轮廓法的表层测试误差修正效果更好。通过优化基函数阶数和轮廓法数据量大小，将构造的表面应力与测试应力进行比较来保证修正后表层应力的精度。

本书第 7 章详细介绍了基于轮廓法和 X 射线衍射法测试结果,利用本征应变反分析法构造应力,对激光选区熔化增材制造棒状试样的轮廓法表层应力进行修正的例子。

2. 应力相关误差来源及修正

1) 应力相关误差来源

应力相关误差是由于切割尖端材料应力状态的变化引起的,这种误差无法通过两面变形的平均来消除。与应力相关的对称误差又包含两类:弹性鼓起(elastic bulging)误差和塑性相关误差。

(1) 弹性鼓起误差。

当线切割加工的切割宽度随深度变化时就会产生相应的鼓起(或叫凸起、膨胀、隆起)误差(图 4-11)。切割丝直径和切割参数恒定时,切割宽度 w 名义上应该是恒定的。但当切割经过一残余应力场时,切割尖端的材料因为应力释放而造成变形,因此相对于无应力场区域,该应力区域的切割量不均匀,造成切割宽度不均匀。切割面变形轮廓就包含了材料去除不均匀造成的变形,这与轮廓法测试的切割宽度恒定假设不符,违背弹性叠加原理,从而造成测试结果的偏差。鼓起会引起不同形式的测试误差,如峰值应力位置偏移或造成峰值应力变化。鼓起误差不能通过两面变形轮廓平均来消除。切割过程的试样拘束对于消除该类误差起着重要作用。该类误差水平也依赖于切割尖端应力的状态和幅值。改善夹持方式能有效降低鼓起误差,也可以用有限元方法对鼓起误差进行修正[1]。

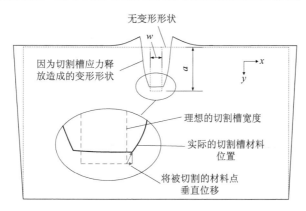

图 4-11　鼓起误差示意图[1]

(2) 塑性相关误差。

跟其他应力释放测试方法一样,轮廓法假设切割释放应力过程中材料为弹性的。试样切割时，应力沿着切割面及垂直切割面方向重新平衡，切割尖端区域形成应力集中。累积的局部应力幅值足够高时会引起材料局部屈服，这与轮廓法的弹性应力释放假设不符，最终影响测试的变形轮廓从而造成误差。研究表明，塑性误差造成测试应力分布形式变化（产生不对称的应力分布）并造成测试拉伸应力峰值降低[11]。

线切割过程类似于在构件中引入一个裂纹，相当于一个钝化裂纹在构件中扩展，引起裂纹前沿的材料中应力重分布，产生裂纹尖端应力集中。这种裂纹尖端应力集中与切割路径的长度和应力幅值相关。因此，焊接构件轮廓法测试的挑战性很大，因为焊接应力通常幅值较高，达到材料的屈服强度；同时局部材料强度可能会因为热过程而降低，两者都会增加塑性误差。

2) 应力相关误差降低及修正

(1) 优化切割和拘束方式。

切割尖端的应力集中程度可以用于评价轮廓法切割过程的塑性对测试结果的影响。减少裂纹张开过程的应力集中，可以减少塑性的影响。应力场强度因子可以用来评价轮廓法切割过程的塑性误差，控制沿切割长度的应力场强度因子就可控制塑性误差。应力场强度因子可以通过优化切割和拘束条件来控制。推荐靠近切割面对测试试样进行刚性夹持方式可以减少塑性的影响，但要注意夹具和夹持不能引入额外应力，这样会改变试样内残余应力的分布。此外，采用较大直径的切割丝有利于减少裂纹前沿的塑性区，从而降低切割尖端的应力集中[6]。

断裂力学中，对于同样的裂纹长度、载荷条件和试样尺寸，中心裂纹的裂纹尖端应力集中程度低于边缘裂纹情况。传统的轮廓法切割类似一个边缘裂纹扩展，而边缘裂纹的应力场强度因子大于嵌入裂纹的应力场强度因子。因此，嵌入式切割方式（形成内部中心裂纹）有益于降低应力集中，从而降低塑性误差。

嵌入式切割方式可以通过自拘束方式或采用导电胶粘贴补偿板方式来实现（图4-12(b)）。自拘束嵌入式切割需要注意控制纽带区域（导向孔与边界之间区域）的塑性。需要评价不同的纽带尺寸来避免纽带区域的过量塑性应变；如果纽带区发生严重的塑性应变时，该区域的测试数据必须抛弃。

使用螺栓夹持方式是优先推荐方式，但该方法需要钻孔等加工。夹持试样时，最好将夹持位置尽可能靠近切割面，以此增加拘束度、降低应力集中。较大切割线直径有利于降低塑性误差。当产生的塑性痕迹小于切割宽度，测试结果中就不包含塑性误差。

针对一焊接试样使用导向孔和装夹孔的切割拘束方式和切割顺序如图 4-13 所示[12]。该试样的切割分为两步，第 1 步为主切割，从一端导向孔向另外一端导向孔切割，第 2 步为纽带区域的切割。

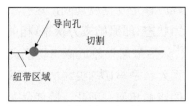

(a) 自拘束嵌入式切割

(b) 粘贴牺牲块或补偿板嵌入式切割(需螺栓和销钉)

图 4-12　嵌入式切割方式

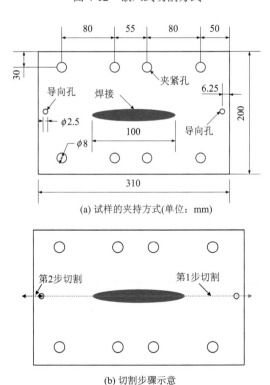

(a) 试样的夹持方式(单位：mm)

(b) 切割步骤示意

图 4-13　使用导向孔和装夹孔的切割拘束方式和切割顺序[12]

(2) 有限元迭代方法修正鼓起误差。

理想的轮廓法切割过程应该是 0 宽度切割，这样不会存在鼓起误差。鼓起误差的幅值与切割尖端的应力状态（即原始应力状态）相关，而且这种误差影响与切割宽度成比例。Prime 等[1]认为鼓起误差近似与切割尖端的应力场强度因子成比例。因为塑性误差和鼓起误差都是与切割尖端的应力状态相关，它们之间相互影响，而且对应力测试结果的影响相似。因此，降低鼓起误差的方法也影响塑性误差。刚性夹持方法能使得裂纹张开和闭合效应最小，因此能有效降低切割尖端应力集中，从而减小鼓起误差。使用小直径的切割丝可以降低鼓起误差（但会增大塑性误差），同时小直径切割丝会有断丝等问题。

Prime 等[1]推荐了一种基于切割数值模拟的迭代有限元修正过程来评价切割尖端的弹性变形（即鼓起误差）。Stewart[13]介绍了这种迭代过程，本书简单介绍如下。

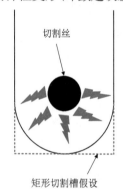

切割丝

矩形切割槽假设

图 4-14　线切割模拟时切割槽的简化[13]

线切割模拟的几个假设为：①整个分析过程材料为各向同性及线弹性；②切割是完全平面切割，因此偏差仅来自材料的变形；③为了划分网格方便，切割槽的底部为矩形，如图 4-14 所示。

对于矩形切割槽假设，恒定切割宽度偏差来自材料点的板外位移。实际的切割过程产生的切割槽为半圆形底部，这可能会产生一定误差。对于半圆形底部的切割槽，最终的槽宽是切割槽直径，该位置是评估槽宽误差的较好位置，如图 4-14 所示。

有限元法修正鼓起误差的过程如下：

第 1 步：完成试验轮廓法测试，构造出试样中的应力分布。

第 2 步：根据试样尺寸创建有限元模型，进行线弹性计算模拟线切割过程。可采用二维或三维模型来模拟计算。简化的二维模型模拟切割过程仅仅能构建出线性分布的应力（三维模型是更可靠的方法）。对于快速变化的应力分布，鼓起误差随厚度变化，需要建立三维模型进行计算。对于理想的轮廓法测试，切割面两边对称夹持，因此仅仅以一半试样建立模型就可。如果仅夹持在一侧，需要建立整体模型来准确预测切割面两侧的鼓起误差。

定义全局坐标系，切割尖端的拉伸方向定义为正方向（切割尖端的压缩方向定义为负方向）。整体模型中切割尖端的拉伸或者压缩会引起切割面两侧的节点在全局坐标系中反向移动，这需要在后续的数据处理步骤中进行处理。此外，坐标原点应该定义在切割起始端一点上，以便每次切割的计算结果更方便写入到结果文件中（ABAQUS 软件的结果文件是以全局坐标系来写的）。材料属性为线弹性，仅需要定义弹性模量和泊松比。划分网格时，切割位置的单元尺寸要小于切割槽宽度。模拟切割过程时，采用移除单元方式实现切割，每次移除几个单元以模拟切割不断增加的过程。

第 3 步：将轮廓法测试的残余应力引入到模型中，然后进行一次计算使得模型中的应力自平衡。因为轮廓法的鼓起误差相对较小，测试的表面变形轮廓与实际表面变形轮廓（没有鼓起误差的轮廓）几乎平行，计算的应力形貌可以作为初始应力。

对于 ABAQUS 软件，可以通过 SIGINI 子程序或者 MAP Solution 函数定义初始应力。得到正确鼓起误差的一个假设条件是初始应力不包含任何塑性影响（塑性会引起计算应力的误差）。

第 4 步：施加拘束条件来表示线切割过程的试样夹持，防止刚性移动。试样夹持的目的是使切割张开或闭合最小化，防止垂直切割方向的移动（图 4-15 中的 x 方向）。

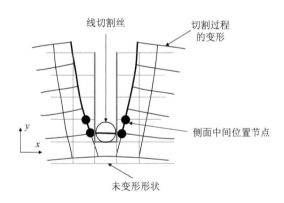

图 4-15　计算鼓起误差的角点位置和侧面中间位置节点示意图[13]

第 5 步：顺序移除单元来模拟切割过程，记录下每次切割增量的切割尖端局部节点位移。

鼓起误差是切割尖端材料的板外位移，因此该步骤要记录有限元模型中切割槽底部的角点位置节点和切割槽侧面中间位置节点的板外位移（图 4-15 中的 x 方向位移）。三维模型需要获得切割槽两侧的节点位移，沿厚度的位移也需要记录。轮廓法的切割宽度恒定是针对平衡应力状态而言的，因此需要记录第 3 步（应力平衡分析）中的相应节点位移，以便推导出切割过程中的鼓起位移。

第 6 步：提取和处理鼓起位移数据来修正经过平均且光滑拟合后的变形（即试验测试的切割面变形）。首先，用模拟的切割过程鼓起位移减去平衡应力态的鼓起位移，即

$$U_{\text{final}} = U_{\text{cutting}} - U_{\text{equilibrium}} \tag{4-11}$$

对于以试样整体建模的全模型，需要计算切割槽两侧的鼓起位移，然后进行平均，作为全模型的最终鼓起位移。在有限元分析中，切割尖端两侧相对坐标系的移动是相反的，因此两侧的符号在平均时应该反向。即

$$U_{\text{avgefinal}} = \frac{U_{\text{final1}} + (-U_{\text{final2}})}{2} \tag{4-12}$$

最后将最终的鼓起位移插值到相应的节点坐标位置，用于修正初始试验测试的表面变形，即第 7 步。

第 7 步：用试验测试的光滑处理切割面轮廓变形减去最终有限元模拟的平均鼓起位移误差，即

$$U_{\text{corrdeform}} = -(U_{\text{initial}} - U_{\text{avgefinal}}) \tag{4-13}$$

式中，负号是将用于构造应力的反向位移值。

第 8 步：采用常规轮廓法应力构造模型（即切割后试样一半几何尺寸建立模型），将修正后的位移作为边界条件施加到相应节点上，计算得到修正应力值。

第 9 步：因为第一次评估鼓起误差是基于无鼓包误差假设条件计算的，因此需要进行迭代求解来获得新的应力状态。

这个过程反复进行直到应力评估收敛，即重复第 3～8 步，通过初始化新的应力状态来重新评价鼓起位移。每一次迭代都重新评价鼓起误差来修正初始试验测试的变形（平均光滑表面变形），不用修正上一次迭代得到的位移。因为鼓起误差通常较小，2～3 次迭代就可以达到收敛和合理结果。

第 10 步：最终获得收敛的新应力结果。收敛性判断可以设定为峰值应力的变化小于或等于 5%。

研究结果表明，鼓起效应会造成 5%～10% 的应力测试误差[1,14]，即使测试试样在切割过程中刚性夹持。弯曲塑性梁的鼓起误差修正前后结果和预测结果比较见图 4-16[1]。Stewart[13] 针对电子束焊接的紧凑拉伸试样应力测试研究，认为鼓起误差造成峰值应力增加达到 20%。

Stewart[13] 提出一种便捷的改进修正鼓起误差方法。该方法使用轮廓法弹性有限元分析过程的鼓起位移来计算应力误差，所得到的应力误差用作修正初始的轮廓法测试应力。该方法避免了复杂的鼓起误差修正，初始测试的表面变形也不需

要用来获得鼓起误差。该改进的方法步骤如下。

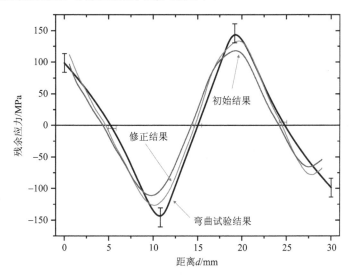

图 4-16　不锈钢四点弯曲梁鼓起误差修正前后和预测结果比较[1]

第 1 步：完成轮廓法测试，获得试样中的残余应力分布（试验结果）。

第 2 步：创建有限元模型来实现线切割过程的线弹性模拟。

第 3 步：将测试应力导入模型中，然后进行应力分析使模型中应力平衡（初始化应力步骤）。

第 4 步：施加拘束条件代表线切割过程的夹持，以防止模型刚性移动。

第 5 步：顺序移除单元来模拟切割过程，并记录每一切割增量时切割尖端的鼓起位移。

第 6 步：处理鼓起位移数据（用于修正初始测量应力，即修正轮廓法试验测试应力）。

第 7 步：采用传统轮廓法过程计算应力误差。建立一半试样的有限元模型，将鼓起位移作为边界条件施加到模型中进行弹性计算，得到的应力即为鼓起应力误差（σ_{error}）。

第 8 步：将第 7 步计算的应力误差与轮廓法测试的初始应力叠加，从而实现测试应力的修正。即

$$\sigma_{\mathrm{corrected}} = \sigma_{\mathrm{initial}} + \sigma_{\mathrm{error}} \tag{4-14}$$

第 9 步：因为第一次评价鼓起位移是基于无鼓起误差假设的，因此需要进行迭代求解。重复第 3~8 步，通过将修正应力作为初始应力，然后重复进行切割计算重新评价鼓起位移。每一次迭代，将新的应力误差与初始测试应力进行叠加（不

是叠加到前一步迭代求解结果)。

第 10 步：检查修正应力是否收敛。当峰值应力变化小于 5% 时，认为迭代收敛，得到的修正后应力即为最终测试的应力分布。

此外也可以结合断裂力学方法来修正鼓起误差。因为线切割相当于在构件中引入一个裂纹，Stewart[13]认为鼓起位移与裂纹尖端的应力场强度因子呈近似比例关系，因此可通过裂纹尖端的应力场强度因子获得鼓起位移，从而修正测试应力。断裂力学的裂纹尖端应力场强度因子和位移场计算式可用来推导鼓起位移和误差。无变形体线切割过程有限元计算模型示意图如图 4-17 所示。图 4-17 中的 b 为线切割后的切槽最终宽度。

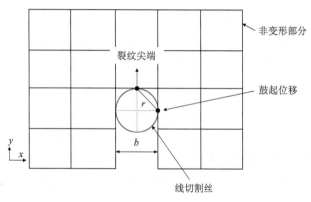

图 4-17　无变形体线切割过程的有限元网格示意图(仅展示切入端到裂纹尖端的节点)[13]

裂纹尖端到切入位置节点的剪切距离 r 用式(4-15)计算：

$$r = \sqrt{\left(\frac{b}{2}\right)^2 + \left(\frac{b}{2}\right)^2} = \frac{b\sqrt{2}}{2} \tag{4-15}$$

通过断裂力学的裂纹表面位移计算公式，最终得到鼓起位移的计算式，平面应力模型和平面应变模型计算鼓起位移分别见式(4-16)和式(4-17)

$$\text{平面应力：} \quad U_{\text{bulge error}} = \frac{4K_{\text{I}}}{E}\sqrt{\frac{b\sqrt{2}}{4\pi}} \tag{4-16}$$

$$\text{平面应变：} \quad U_{\text{bulge error}} = \frac{2K_{\text{I}}(2-2v^2)}{E}\sqrt{\frac{b\sqrt{2}}{4\pi}} \tag{4-17}$$

式中，K_{I} 为应力场强度因子；E 为弹性模量。

有限元方法和解析方法都可以用来评价和修正轮廓法测试过程因弹性变形引起的鼓起误差。分析方法是基于 I 型裂纹模型的应力场强度因子，需要准确预测

I 型裂纹的应力场强度因子，有限元方法是基于切割过程的有限元模拟。此外，鼓起误差修正过程会造成试样边缘产生较大误差，试样边缘区域的应力可以忽略。Stewart[13]推荐的鼓起误差修正流程见图 4-18。

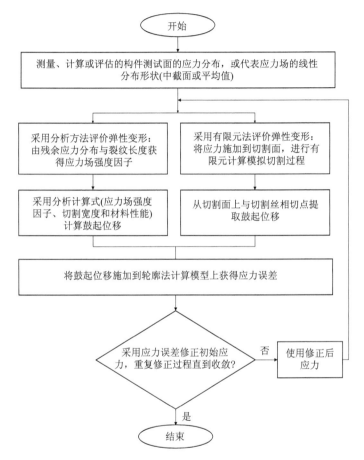

图 4-18　评价鼓起误差和修正过程流程图[13]

(3)基于塑性区尺寸控制塑性误差。

因为塑性产生的应力测试误差与切割过程中切割尖端的高应力水平直接相关，切割方式和拘束区域可以显著影响切割尖端的应力水平，因此仔细设计切割和拘束来控制应力集中，能减缓塑性产生的误差[6]。设计最优切割和拘束方式的基本条件有：①初始应力评估(初始应力可以用别的测试技术获得的应力结果，也可以用预测的应力，或者相似试样的文献研究结果)；②试样尺寸；③材料属性，包括弹性模量、泊松比和屈服强度[6]。

Traoré[6]采用有限元法模拟轮廓法切割过程,分析不同屈服强度材料、拘束方式、应力状态、切割方式条件下,塑性引起的应力误差和塑性区尺寸(plastic zone size, PZS)的关系。Traoré首先采用"帽子"状残余应力分布作为初始应力状态,材料为理想弹塑性材料,切割过程模拟为逐步在模型中引入尖裂纹方法(沿切割线逐步释放对称边界条件的方式)。切割模拟结束后,从计算结果中提取垂直和平行切割路径方向的塑性区尺寸。沿切割方向的塑性区定义为塑性区尺寸(PZS),垂直切割路径方向的塑性区定义为塑性区深度(plastic zone depth, PZD)。垂直于切割面的变形也提取出来用于反算轮廓法测试应力。将反算应力和初始应力比较,即获得塑性产生的误差。最后获得平均塑性误差和沿切割长度上平均塑性区尺寸的关系。

采用均方根(root mean square, RMS)误差方法来计算平均应力误差,即

$$\bar{\sigma}_{\text{error}}^{\text{RMS}} = 100 \times \sqrt{\sum_{i=1}^{n} \frac{1}{n} \left(\frac{\sigma_{\text{CM}\_i} - \sigma_{\text{Initial}\_i}}{\sigma_0} \right)^2} \tag{4-18}$$

$$\bar{\sigma}_{\text{error}}^{\text{Absolute}} = 100 \times \sum_{i=1}^{n} \frac{1}{n} \frac{\left| \sigma_{\text{CM}\_i} - \sigma_{\text{Initial}\_i} \right|}{\sigma_0} \tag{4-19}$$

式中,σ_{CM_i}为预测的切割增量 i 获得的轮廓法应力;$\sigma_{\text{Initial}\_i}$为切割增量 i 时的初始应力;σ_0为材料屈服强度;n为每次有限元分析的切割增量。

式(4-18)中的平均应力误差采用材料强度进行归一化并以百分数方式表示。式(4-19)用于计算相应的平均绝对误差,也用材料强度进行归一化并以百分数方式表示。

Traoré[6]研究表明,切割时的裂纹尖端的平均塑性区尺寸(包括塑性区深度)与轮廓法测试塑性误差存在相关性。Traoré 通过大量数值计算,获得了塑性区尺寸(包括深度)与平均塑性误差的关系,图 4-19 为平面应力条件下归一化塑性区尺寸与平均塑性误差关系图。

对于相同的材料和切割拘束条件,平面应力条件下,由于塑性产生的应力误差近似为平面应变条件下塑性应力误差的 3 倍。平面应力条件和平面应变条件塑性区尺寸的变化方式相同,因此由塑性产生的应力误差近似于塑性区尺寸线性变化。此外,塑性区尺寸是评估塑性误差最重要的参数,故图 4-19 可以用于评估两种应力条件下的塑性误差。

Traoré 利用塑性误差和塑性区尺寸的关系,提出评价和控制塑性误差的步骤如下,其流程如图 4-20 所示。

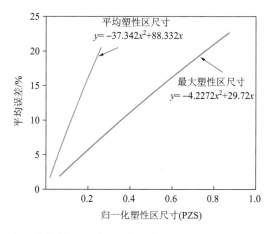

图 4-19　归一化塑性区尺寸和平均塑性误差的关系(平面应力条件)[6]

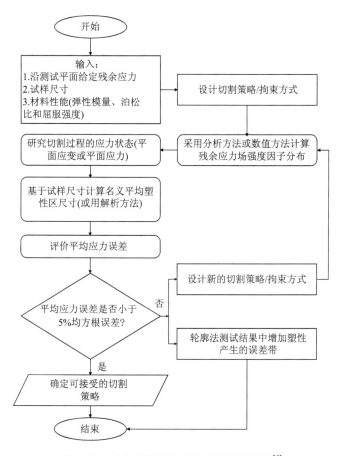

图 4-20　减少塑性产生应力误差的流程图[6]

第 1 步：收集数据。

第 2 步：设计切割及拘束方式。

第 3 步：根据拘束方式确定应力场强度因子。

第 4 步：根据式(4-20)计算归一化平均塑性区尺寸。

$$\overline{\text{PZS}}_{\text{Norm}} = \frac{1}{p\pi\sqrt{Lt}}\sum_i \left(\frac{K_1^i}{\sigma_0}\right)^2 \tag{4-20}$$

式中，$p=1$ 为平面应力条件，$p=3$ 为平面应变条件；L 为切割长度；t 为残余应力数据(用于计算应力场强度因子)平均范围的厚度，对于计算或分析的线性分布应力结果，可采用单位长度作为厚度值($t=1$)；K_1^i 为计算切割增量 i 的应力场强度因子(计算时逐步实现裂纹扩展)。

第 5 步：使用建立的塑性区尺寸和塑性误差关系(图 4-19)评估平均塑性误差。

第 6 步：评价塑性误差是否可接受(建议归一化平均塑性区尺寸的阈值设为 0.05，即塑性产生误差阈值为 5%均方根，塑性区尺寸和塑性误差小于阈值可接受)。

第 7 步：如果塑性误差不能接受，设计另外一种切割或拘束方式。需要注意的是，采用有限元法评价塑性误差，拘束位移得到的刚度在实际操作上是不可能实现的。

结合 Traoré[6]的成果以及本书作者提出的本征应变反分析法修正表层误差措施，以上轮廓法切割误差的分类及解决措施可总结为图 4-21。

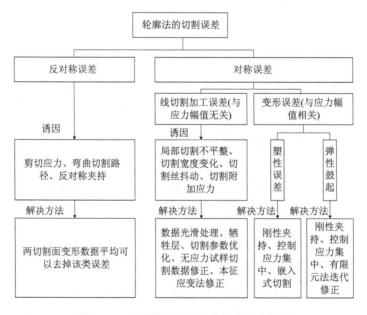

图 4-21　轮廓法切割误差分类及解决措施

4.2　轮廓法的随机误差及不确定度评价

轮廓法应力测试包括两种随机误差源，一种来源于变形位移的光滑拟合[3]，即使选择了最优的拟合算法，也无法保证所获得的变形曲面为真实的变形趋势，因此数据处理造成了部分误差，这种误差叫作模型误差。另外一种随机误差是切割面的变形位移数据噪声，主要是线切割形成的表面粗糙度以及变形的测试误差，与位移数据噪声相关的不确定性称作位移误差。

4.2.1　模型误差评价

轮廓法测试的切割面位移数据要经过拟合处理获得光滑变形面数据，然后作为构造应力的位移边界条件。位移数据拟合模型和参数最终影响轮廓法的应力测试结果。这种光滑拟合模型造成的测试结果误差即为模型误差。模型误差可通过一系列拟合参数获得应力的标准偏差来评价。即

$$U_{\mathrm{model}} = \mathrm{std}(\sigma_{m,n}, \sigma_{m,n+1}, \sigma_{m-1,n}, \sigma_{m,n-1}) \tag{4-21}$$

式中，U_{model} 是模型误差；σ 是基于一定光滑拟合算法和轮廓法获得的应力；下标为光滑拟合算法的数量。模型误差定义中包括了切割面两个方向上的光滑拟合次数。和大多数试验误差源一样，轮廓法测试的模型误差假设为高斯分布。

4.2.2　位移误差评价

为了评价位移测试噪声对测试应力的影响，将正态分布的噪声(其标准偏差等于残余位移数据的标准偏差)加到测试位移数据中重复计算应力，获得多个应力结果，每次添加的噪声是随机的(采用蒙特卡罗方法生成随机噪声)，但标准偏差相同，通过多次构造应力的标准偏差来评价位移误差。

4.2.3　轮廓法的总不确定度

应力测试方法的质量需要进行不确定度评价，即测试准确性评估。测试方法的不确定度仅仅受随机误差源影响。测试不确定度的评价可以通过分析手段或重复性测试获得。对于轮廓法而言，由于采用了有限元法构造应力，没有解析公式来计算应力，故只能采用重复测试获得。

将轮廓法两个随机误差源结合起来评价总体不确定度。首先，计算两个误差平方和的平方根，即

$$U_{\text{RSS}}(x,y) = \sqrt{U_{\text{Disp}}^2(x,y) + U_{\text{Model}}^2(x,y)} \tag{4-22}$$

然后计算切割面上所有点平方根的平均值不确定度，即

$$\overline{U}_{\text{RSS}} = \frac{\sum_{i=1}^{N} U_{\text{RSS}}(x_i, y_i)}{N} \tag{4-23}$$

式中，(x_i, y_i) 为 N 点的坐标值。逐点测试不确定度定义为每一点平方和的平方根不确定度与平方根平均值不确定度中的最大值，即

$$U_{\text{TOT}}(x,y) = \max(U_{\text{RSS}}(x,y), \overline{U}_{\text{RSS}}) \tag{4-24}$$

Olson 等[3]采用数值模拟方法验证该不确定度评价方法的可行性。假设一有限长度的铝合金杆(E=70GPa，v=0.3)，其截面尺寸为 50mm×25mm，长度 300mm。该杆模型初始应力为一平衡应力场，其 x 方向应力为高斯分布，y 方向应力为 4 次方应力函数分布，两个方向的应力乘积构成该应力场，即

$$\sigma_z(x,y) = 72.115 \cdot f(x)g(x) - 105.6 \tag{4-25}$$

$$f(x) = 10 \times (e^{-x^2/184.32} - e^{-x^2/128}) - 0.261 \tag{4-26}$$

$$g(x) = \frac{12.5^4 - y^4}{5000} - 1 \tag{4-27}$$

x 在–25～25mm 之间，y 在–12.5～12.5mm 之间，应力单位为 MPa。该函数在杆中产生一已知应力。通过有限元法模拟轮廓法的测试过程，将测试应力(数值试验构造的应力)与已知应力进行比较。当测试应力±不确定度估计值的边界与已知应力重叠的百分率等于给定置信区间时，就可以认为不确定度评价方法和结果是正确的。数值试验的总不确定度只有模型误差，无位移数据的噪声。

Olson 等[3]也开展了 5 次重复测试(单次切割)铝合金杆应力的物理试验评价轮廓法测试的不确定度。铝合金杆材料为 7050-T74511，横截面尺寸为 51.1mm×76.1mm，经淬火热处理后产生了幅值大于 100MPa 的残余应力，其内部为拉伸应力，外部为压缩应力。

Olson 等[3]的数值试验表明，轮廓法获得的截面上大多数点的实际误差(数值测试得到的应力与已知应力的差about)小于 2MPa，在边缘区域实际误差大于 5MPa。模型误差在截面上大多数位置小于 3MPa，边缘局部区域达到 8MPa。研究结果也表明，轮廓法不确定度评价方法和结果是可靠的。物理试验的结果表明，位移误差在所有点上都比较小，边缘位置稍微有点大(约 2MPa)，内部点的位移误差约为 1MPa。模型误差在横截面边缘上大约为 40MPa，内部为 10MPa。

Olson 等[15]进一步将轮廓法应用在多种几何形状和材料的试样测试上，通过

重复测试来评价轮廓法的误差。首先设计和制备了 5 种试样，该 5 种试样包括不同的材料、几何形状以及不同的残余应力状态。每一种试样进行了多次重复测试（每一试样进行 5～10 次重复测试）；然后评价了每次测试的不确定度，最后给出了每一种试样类型的轮廓法测试精度。该 5 类试样分别为：T 形铝合金试样（10 件）、钛合金电子束焊接板（6 件）、镍基合金锻件（6 件）、不锈钢锻件（6 件）以及不锈钢异种金属焊接板（5 件）。

位移误差采用蒙特卡罗（Monte Carlo）方法把常规分布的噪声应用到每次切割的轮廓法表面上，常规噪声分布近似为线切割的表面粗糙度。用 5 种不同的随机噪声加到表面轮廓上，然后计算 5 种测试结果的标准偏差，最终作为位移误差。采用不同的光滑拟合算法构造切割面变形轮廓，经有限元构造残余应力后，计算不同算法得到的应力标准偏差，以此作为模型误差。将最小位移误差和最小模型误差平方和的根（root-sum-square）作为总体不确定度，并作为评价基准值。单次测量不确定度评价能够准确评估随机误差。每次测量结果与多次重复测试平均结果进行比较，两者的差别能合理代表随机测量误差（重复测试平均结果作为参考值）。Olson 等[15]得到不同材料、不同形状试样轮廓法测试不确定度和重复度标准偏差统计如表 4-1 所示。

表 4-1　不确定度和重复度标准偏差统计[15]

试样	评价指标	中位数/MPa	平均值/MPa	第 95 个百分位/MPa	最大值/MPa
T 形铝合金（7085-T74）	不确定度	9.9	12.1	22.0	87.5
	重复度	3.7	5.1	12.6	36.7
钛合金电子束焊接板（Ti6Al4V）	不确定度	12.2	15.8	32.5	298.6
	重复度	5.9	7.7	17.3	130.2
镍基合金锻件（Udimet-720Li）	不确定度	20.0	26.2	55.5	511.1
	重复度	21.5	24.9	51.7	290.9
不锈钢锻件（304L）	不确定度	44.9	57.1	132.2	306.6
	重复度	20.3	23.8	52.3	141.3
不锈钢异种金属焊接板	不确定度	17.5	21.9	45.5	269.3
	重复度	14.9	17.3	36.3	146.5

从表 4-1 中看出，对于基准不确定度和总不确定度的第 95 个百分位，铝合金 T 形试样分别为 9.9MPa 和 22.0MPa，不锈钢异种金属焊接板为 17.5MPa 和 45.5MPa，钛合金电子束焊接试样为 12.2MPa 和 32.5MPa，不锈钢锻件为 44.9MPa 和 132.2MPa，镍基合金锻件为 20.0MPa 和 55.5MPa。

Olson 等[15]研究结果表明，单次测试的误差不确定度误差评价对于轮廓法测试准确性的估计是保守的。所有的测试情况所获得的误差评估结果相似，模型误差和位移误差在试样边缘区域更大，位移误差比模型误差要小很多。总的不确定度与模型误差分布几乎一致，但内部大多数点的误差由基准不确定度决定。

近表面点包含了大多数高幅值不确定度并且每一个数据范围符合对数正态分布。当数据分为近表面层数据和内部数据两组时，每组数据要比总体数据更符合对数正态分布。Olson 等[15]进一步分析表明，距表面 1mm 距离的数据包含了最多高不确定度数据点，因此可将距表面 1mm 距离作为近表面数据和内部数据的分界位置。

尽管各测试试样的不确定度趋势相似，但存在幅值差异。当近表面数据和内部数据的总不确定度用弹性模量 E 来归一化表达，其总不确定度在近表面为 $250 \times 10^{-6}E$，在内部为 $125 \times 10^{-6}E$。不锈钢锻件出现了较高的不确定度，主要因为其内壁出现了高应力幅值和高应力梯度，造成模型误差偏大。

4.3　本　章　小　结

本章系统介绍了轮廓法测试误差的来源及相关处理方法。轮廓法的系统误差主要是切割造成的存在于两切割面上的对称误差，包括应力无关误差和应力相关误差。可以通过切割过程控制及数据分析最大限度降低切割误差。轮廓法的随机误差包括模型误差和位移误差，其中模型误差占主导。总体而言，轮廓法测试时试样边缘或边界上容易出现较大误差，这包括切割造成的系统误差，也包括随机误差。因此，轮廓法测试时，试样边缘部分的切割和数据处理需要特别注意。

参 考 文 献

[1] Prime M B, Kastengren A L. The contour method cutting assumption: Error minimization and correction[C]. Proceedings of the SEM Annual Conference on Experimental and Applied Mechanics, Indianapolis, Indiana, USA, 2010.

[2] Prime M B, Sebring R J, Edwards J M, et al. Laser surface-contouring and spline data-smoothing for residual stress measurement[J]. Experimental Mechanics, 2004, 44(2): 176-184.

[3] Olson M D, DeWald A T, Prime M B, et al. Estimation of uncertainty for contour method residual stress measurements[J]. Experimental Mechanics, 2015, 55(3): 577-585.

[4] Hosseinzadeh F, Kowal J, Bouchard PJ. Towards good practice guidelines for the contour method of residual stress measurement[J]. The Journal of Engineering, 2014, 2014(8): 453-468.

[5] Hosseinzadeh F, Ledgard P, Bouchard P J. Controlling the cut in contour residual stress measurements of electron beam welded Ti-6Al-4V alloy plates[J]. Experimental Mechanics, 2013, 53(5): 829-839.

[6] Traoré Y. Controlling plasticity in the contour method of residual stress measurement[D]. London: The Open University, 2013.

[7] Toparli M B, Fitzpatrick M E. Development and application of the contour method to determine the residual stresses in thin laser-peened aluminium alloy plates[J]. Experimental Mechanics, 2016, 56(2): 323-330.

[8] Mahmoudi A H, Yoosef-Zadeh D, Hosseinzadeh F. Residual stresses measurement in hollow samples using contour method[J]. International Journal of Engineering, Transactions B: Applications, 2020, 33(5): 885-893.

[9] Liu C, Zhang J. Stress measurement and correction with contour method for additively manufactured round-rod specimen[J]. Science and Technology of Welding and Joining, 2022, 27(3): 213-219.

[10] Korsunsky A M, Regino G M, Nowell D. Variational eigenstrain analysis of residual stresses in a welded plate[J]. International Journal of Solids and Structures, 2007, 44(13): 4574-4591.

[11] Mahmoudi A H, Hosseinzadeh A R, Jooya M. Plasticity effect on residual stresses measurement using contour method[J]. International Journal of Engineering, 2013, 26(10): 1203-1212.

[12] Traoré Y, Bouchard P J, Francis J A, et al. A novel cutting strategy for reducing plasticity induced errors in residual stress measurements made with the contour method[C]. Proceedings of the ASME 2011 Pressure Vessels & Piping Division Conference, Baltimore, Maryland USA, 2011.

[13] Stewart B. Controlling deformation errors in the contour method for residual stress measurement[D]. London: The Open University, 2019.

[14] Kapadia P, Davies C, Pirling T, et al. Quantification of residual stresses in electron beam welded fracture mechanics specimens[J]. International Journal of Solids and Structures, 2017, 106/107: 106-118.

[15] Olson M D, DeWald A T, Hill M R. Validation of a contour method single-measurement uncertainty estimator[J]. Experimental Mechanics, 2018, 58(5): 767-781.

第 5 章　轮廓法的扩展形式及复合测试技术

常用的轮廓法一般指沿构件中截面进行对称一次切割轮廓法(本书称为传统轮廓法),可以获得垂直于切割面法向应力分布。传统轮廓法仅仅获得构件一个位置一个方向的应力分布,且要求沿构件对称面或近似对称面切割。为了能测试多个位置和多个方向的应力分布,研究人员在叠加原理基础上对轮廓法进行了改进,提出了轮廓法的多种扩展形式,并将轮廓法和其他测试方法结合,提出了基于轮廓法的复合测试技术。本章介绍 4 种扩展轮廓法的原理,分别为正交面切割轮廓法、两次平行面+一次正交面切割轮廓法(三次切割轮廓法)、不对称切割轮廓法和逐级切割轮廓法。本章也介绍了轮廓法和其他方法复合测试技术,包括轮廓法+裂纹柔度法、轮廓法+XRD(小孔法)法、轮廓法+薄片+XRD 法、轮廓法+本征应变法、深孔轮廓法,介绍这些复合测试技术的过程及原理。

5.1　轮廓法的扩展形式

1. 正交面切割轮廓法

正交面切割轮廓法是在传统轮廓法基础上,沿应力评价位置切割一次后,再沿与前一次切割面正交的平面进行切割,共切割两次。通过正交面切割轮廓法可以获得试样两个位置两个方向的应力分布(不同位置获得不同方向的应力分布)。

以焊接试样为例,为测试焊接纵向残余应力和横向残余应力,采用的正交面切割位置示意图如图 5-1 所示。第 1 次切割获得切割面上 x 方向应力分布(即焊接纵向残余应力)。第 1 次切割造成试样内的应力重分布,部分应力释放。第 1 次切割获得纵向应力(x 方向应力)的同时,可构造出第 2 次切割面上被释放的横向应力(y 方向应力);第 2 次切割后,可获得切割面上剩余的横向应力(y 方向应力),将第 2 次切割面上的释放横向应力和剩余横向应力叠加,即可获得第 2 次切割面上的原始横向应力(y 方向应力)分布。

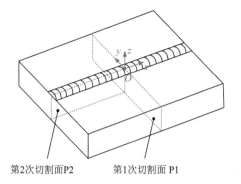

图 5-1　正交面切割轮廓法的切割面示意图

第 2 次切割面上原始横向应力分布的应力叠加示意图如图 5-2 所示。图 5-2中，A 是原始试样，B 是用第 1 次切割后的变形轮廓分析应力的计算步，B 中切割面 P2 的应力即为第 1 次切割后 P2 面释放的应力。C 是用第 2 次切割后的变形轮廓分析应力的计算步，C 获得的应力即为第 2 次切割后 P2 面的剩余横向应力。A 中切割面 P2 的原始横向应力可以通过 B 和 C 叠加获得，即

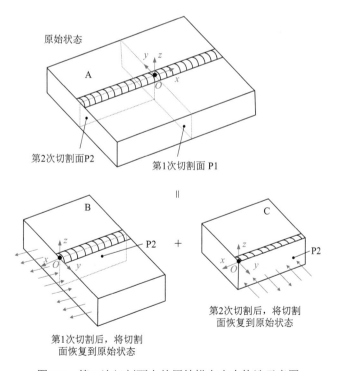

图 5-2　第 2 次切割面上的原始横向应力构造示意图

$$\sigma_y^{(A)}(P2) = \sigma_y^{(B)}(P2) + \sigma_y^{(C)}(P2) \tag{5-1}$$

式中，下标 y 为图 5-2 中坐标系的 y 方向，即横向方向；$\sigma_y^{(A)}(P2)$ 为第 2 次切割面 (P2 面) 原始横向应力值；$\sigma_y^{(B)}(P2)$ 为第 1 次切割后 P2 面释放的部分横向应力值；$\sigma_y^{(C)}(P2)$ 为第 2 次切割后 P2 面的剩余横向应力值。

2. 两次平行面+一次正交面切割轮廓法

两次平行面切割和一次正交面切割，共 3 次切割，结合应力叠加原理，可以获得构件 3 个位置两个方向的应力分布。两次平行切割面上的应力方向相同，正交切割面获得另一个方向的应力分布。以焊接试样为例，3 次切割位置示意图如图 5-3 所示。第 1 次切割获得试样中截面位置 P1 的纵向应力 (x 方向)。第 1 次切割后，试样分成了两半，每一半试样的应力重分布，因此以第 2 次切割后的变形轮廓弹性分析得到的应力仅仅是 P2 位置的残留纵向应力 (x 方向)，以第 3 次切割面的变形轮廓弹性分析得到的应力分布为焊缝中心位置 P3 的残留横向应力 (y 方向应力)。第 1 次切割构造纵向应力的同时能获得第 2 次切割面 P2 上的释放纵向应力以及第 3 次切割面 P3 上的释放横向应力，测试得到的 P2 面上残留纵向应力与释放纵向应力叠加即可获得 P2 面上的原始纵向应力；P3 面上残留横向应力与该面上释放横向应力叠加即可获得 P3 面上原始横向应力。

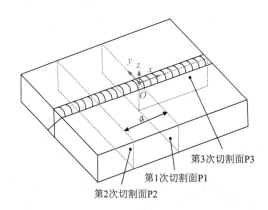

图 5-3　两次平行面+一次正交面切割位置示意图

通过应力叠加原理，获得第 2 次切割位置 P2 切割面上的原始纵向应力示意图如图 5-4 所示。图 5-4 中，A 是原始试样，B 为试样切割后部分应力释放后的一半试样；C 是将切割面上的变形轮廓作为边界条件计算应力的分析步；根据轮廓法原理，A 中切割面 P1 上的应力即为 C 中 P1 面的应力；D 为第 2 次切割后应力释放的 1/4 部分试样；E 是用第 2 次切割后的变形轮廓作为边界条件分析应力的计算步，其中 E 获得的应力即为第 1 次切割后 P2 面上所剩余的应力；B 切割面 P2 的应力可以通过 E 和 D 叠加获得，D 切割面 P2 上的应力已经全部释放，C 中 P2 位置的应力是第 1 次切割后 P2 面所释放应力。因此，将 C 和 E 进行应力叠加，就可获得 A 中第 2 次切割面 P2 面的原始纵向应力，即

$$\sigma_x^{(A)}(P1) = \sigma_x^{(C)}(P1) \tag{5-2}$$

$$\sigma_x^{(A)}(P2) = \sigma_x^{(C)}(P2) + \sigma_x^{(E)}(P2) \tag{5-3}$$

式中，下标 x 为图 5-4 中坐标系的 x 方向，即沿纵向方向；$\sigma_x^{(A)}(P1)$ 和 $\sigma_x^{(C)}(P1)$ 为第一次切割面 P1 上原始纵向应力值；$\sigma_x^{(A)}(P2)$ 为第 2 次切割面 P2 上原始纵向应力值；$\sigma_x^{(C)}(P2)$ 为第 1 次切割后 P2 面的释放纵向应力；$\sigma_x^{(E)}(P2)$ 为第 2 次切割面 P2 上剩余的纵向应力。

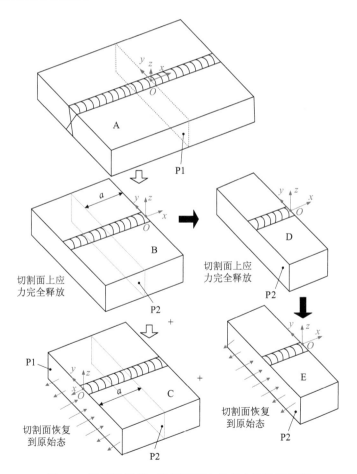

图 5-4　焊接试样第 2 次切割面上的应力构造示意图

同样，第 3 次切割面 P3 面上的原始横向应力也可以通过应力叠加原理获得，其横向应力构造示意图如图 5-5 所示。图 5-5 中，A 是原始试样，C 是第 1 次切割后采用变形轮廓分析应力的计算步，C 中切割面 P3 获得的应力即为第 1 次切割后 P3 面释放的应力。F 是用第 3 次切割后变形轮廓作为分析应力的计算步，F 获得的应力即为第 3 次切割后 P3 面的剩余横向应力。A 中切割面 P3 的原始横向残余应力可以通过 C 和 F 叠加获得，即

$$\sigma_y^{(A)}(P3) = \sigma_y^{(C)}(P3) + \sigma_y^{(F)}(P3) \tag{5-4}$$

式中，下标 y 为图 5-5 中坐标系的 y 方向，即沿横向方向；$\sigma_y^{(A)}(P3)$ 为第 3 次切割面 P3 上原始横向应力值；$\sigma_y^{(C)}(P3)$ 为第 1 次切割后 P3 面释放的横向应力值；$\sigma_y^{(F)}(P3)$ 为第 3 次切割面 P3 上剩余的横向应力值。

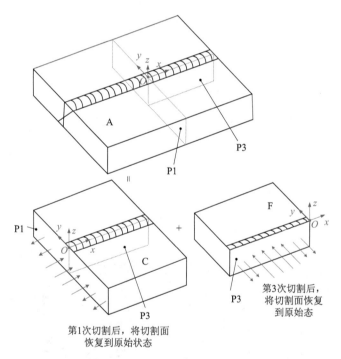

图 5-5　焊接试样第 3 次切割面上的应力构造示意图

3. 不对称切割轮廓法

传统轮廓法测试要求保证对称夹持和切割面两侧的刚度对称，即一般要求构件形状相对应力测试面对称（对称切割）。这样切割后两切割面由于剪切应力造成的变形可以通过变形轮廓平均处理得到消除。但有可能构件的应力测试面（切割

面)存在不对称情况,如相对应力测试面几何形状不对称的构件(几何不对称),构件的应力分布相对切割面不对称(应力不对称,如构件一侧存在焊道,另一侧无焊道,切割面为几何对称面情况)或测试面两侧的材料不一致的构件(材料不对称),此时无法满足对称切割条件,称作不对称切割(图 5-6)。比如异种金属焊接构件需要测试焊接区域中心位置的应力状态,或者应力测试位置(应力关注面)在不在构件的对称面位置。这些情况下,切割面两侧的弹性刚度不同,切割后应力释放造成的两面变形不一致,不能采用将两切割面变形轮廓平均处理的方式来消除反对称误差。

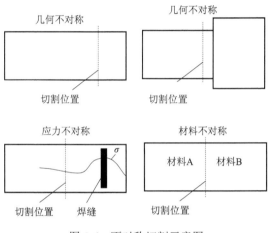

图 5-6　不对称切割示意图

Achouri[1]针对不对称切割轮廓法进行了理论分析,采用有限元法进行了验证,制备了应力不对称试样,开展了测试试验并实现了不对称切割轮廓法应力测试。

当含应力的构件的切割方式为对称切割,切割面的变形可以分解为对称变形和反对称变形,如图 4-1(a)所示。反对称变形可以通过两面变形的平均得到消除。对于不对称切割,切割面两侧的刚度不同,释放的正应力不能形成对称的板外变形,释放的剪切应力不能形成反对称的变形。因此,通过两面变形平均的方式不能消除剪切应力释放造成的变形,会带来误差。Achouri 基于弹性叠加原理,提出不对称切割轮廓法的数据处理方法。当构件经过不对称切割后,构件被分割为两部分(设几何不对称切割,构件被切割一大一小两部分),采用传统轮廓法变形测试方法获得两面的变形轮廓(两部分的板外变形为 U_1 和 U_2),如图 5-7 所示。

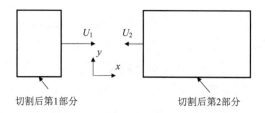

图 5-7　不对称切割后的变形示意图[1]

其数据处理步骤如下:

(1)根据切割后的几何形状建立有限元模型(图 5-7 为不对称几何形状,材料不对称情况设置不同的材料性能),并施加附加拘束以防止模型刚性位移。

(2)将切割后第 1 部分的板外位移 U_1 施加到该部分有限元模型的切割面上,进行弹性有限元计算,获得切割面上应力 σ_{1,U_1}。

(3)将切割后第 2 部分的板外位移 U_2 施加到该部分有限元模型的切割面上,进行弹性有限元分析,获得切割面上应力 σ_{2,U_2}。

(4)将步骤(2)和步骤(3)的应力进行平均,即获得不对称切割轮廓法切割面上的测试应力,即

$$\sigma_{\text{contour}} = \frac{\sigma_{1,U_1} + \sigma_{2,U_2}}{2} \tag{5-5}$$

Achouri 通过有限元和试验验证了以上不对称切割轮廓法实施的正确性。这种不对称切割轮廓法可以用于处理非平面切割情况,如环形构件的环形切割面上应力。

4. 逐级切割轮廓法

Achouri[1]基于不对称切割轮廓法提出了一种逐级(增量)切割轮廓法,将构件多次切割获得多个位置应力分布,即对构件进行连续重复切割,构件尺寸不断缩减。每次切割后采用传统轮廓法构造切割面上的应力,并采用叠加原理将前一次切割造成的应力释放进行叠加。为了避免高应力状态下塑性诱导的误差,推荐逐级切割轮廓法从远离高应力面(即最关注的应力位置)开始切割,最后一次切割面为最终关注的高应力切割面。因为多次切割造成的应力释放,原始高应力位置的应力重分布变成非高应力,而且每次切割位置的应力都为低应力位置,因此避免了由于塑性造成的误差。该方法需要判断每次切割位置来避免切割塑性误差,确保切割后构件的剩余应力在后续切割位置足够低。因为切割次数增加,因此线切割误差增加,且这种误差会累积。以表面堆焊试样为例,该试样逐级切割轮廓法

的切割位置示意图如图 5-8 所示。逐级切割轮廓法可以获得构件上任意截面的应力分布，真正实现构件应力全貌可视化。

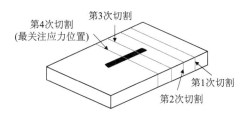

图 5-8　逐级切割位置示意图[1]

Achouri 提出的逐级切割轮廓法包括以下几个步骤：

(1) 选择第 1 次切割面，该切割面上的最大应力(垂直切割面方向)比给定的目标应力阈值低(如低于材料屈服强度的 50%)；

(2) 评估第 1 次切割后在剩余较大试样内的应力释放程度；

(3) 选择第 2 次切割面，该面上的最大剩余应力幅值低于目标应力阈值；

(4) 重复第(2)步和第(3)步，直到最后的轮廓法切割位置是最关注的应力面；

(5) 使用不对称切割轮廓法处理数据，得到每次切割面上的应力分布；

(6) 应用多次切割轮廓法的数据叠加方法，将前一次切割造成的释放应力叠加到本次切割面上，最终获得最关注的切割面应力。

Achouri 采用有限元法验证了该方法的可行性，并制备了焊接试样，用中子衍射法验证了该方法的正确性。以数值模拟方法(不考虑切割误差和多次切割的累积误差)分析逐级切割轮廓法的误差小于 5%，而传统轮廓法的误差达到 36.4%[2]。

5.2　轮廓法和其他应力测试方法结合的复合测试技术

1. 轮廓法和裂纹柔度法复合测试技术

Olson 等[3,4]提出将轮廓法和裂纹柔度法结合，利用一次轮廓法切割获得一个方向应力分布(如纵向应力)，然后在轮廓法切割面位置切割多个薄片，采用裂纹柔度法测试多位置的另一方向应力(如横向应力)，并叠加纵向应力作用于薄片上的横向应力，最终获得切割面位置的原始纵向应力(轮廓法测试)和横向应力(裂纹柔度法测试的横向应力+有限元计算的纵向应力对薄片作用的横向应力)。

以焊接试样为例，测试该试样中截面位置的纵向和横向应力，该试样的双向应力分布测试原理如图 5-9 所示。

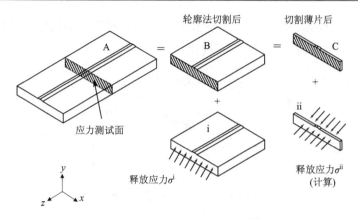

图 5-9 双向应力测试示意图[4]

图 5-9 中，A 为原始应力构件。A 被切割成两半（阴影面为切割面，z=0 位置），分别为 B（切割面上纵向应力完全释放）和 i（构造释放纵向应力的计算步），其切割面纵向应力（σ^i）通过轮廓法获得。然后从 B 部分切割出一薄片 C，薄片上释放应力 σ^{ii} 不能直接测试，但可以通过下式计算：

$$\sigma^{ii} = \sigma^A - \sigma^C - \sigma^i = \sigma^{A(z)} - \sigma^i \tag{5-6}$$

A 中截面位置的应力可以分解为两种应力的叠加：残留在薄片中的应力 σ^C 以及纵向应力对薄片 $\sigma^{A(z)}$ 的影响，如图 5-10 所示，即为

$$\sigma^A = \sigma^{A(z)} + \sigma^C \tag{5-7}$$

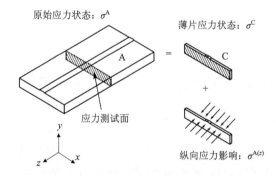

图 5-10 应力分解图[4]

原始应力等于残留在薄片中的应力与纵向应力对薄片的影响；
$\sigma^{A(z)}$ 是纵向应力对薄片的影响，可以通过 σ^i 来确定

薄片中的应力 σ^C，其纵向应力（z 方向应力）全部释放（薄片纵向尺寸小），横向应力可以通过多个薄片的多次裂纹柔度法来测试（由于薄片横向尺寸大，部分横

向应力释放，还有部分横向应力残留在薄片中），从而获得横向应力的分布云图。整个薄片切割和测试过程如图 5-11 所示。假设沿试样长度方向的应力恒定，不同薄片不同位置采用裂纹柔度法测试应力可以归结到一个薄片上，测试位置足够多时，通过插值方式能获得整个薄片上的横向应力分布。一个薄片上进行多次裂纹柔度法测试时，需要考虑第一次测试对后续测试应力的影响，即后续测试结果要考虑修正[5]。

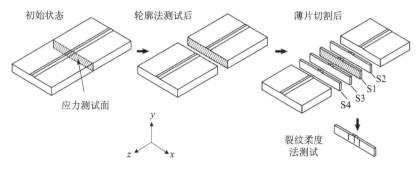

图 5-11　双向应力测试的切割步骤[4]

阴影平面是 $z=0$ 位置的应力测试面

纵向应力对薄片内板内应力(横向应力)的影响 $\sigma^{A(z)}$，可以通过弹性有限元计算来获得。建立与薄片形状一致的有限元模型，厚度为薄片厚度的一半，有限元模型厚度方向一侧施加对称边界条件，另一侧施加轮廓法测试获得的纵向应力(力边界条件)，通过弹性有限元计算得到板内应力(横向应力)，即 $\sigma^{A(z)}$。

Olson 等[3]通过试验和有限元法验证了轮廓法和裂纹柔度法结合测试获得构件一个截面上两个方向应力的正确性。

2. 轮廓法和 X 射线衍射法复合测试技术

一次切割轮廓法仅仅能获得切割面上板外方向的应力分布(纵向应力)，获得板外应力过程也能获得部分板内应力(横向应力)。切割后试样的部分横向应力释放，但仍然残留一部分横向应力。轮廓法构造纵向应力同时，也获得了横向应力分布(即释放的横向应力)。如果将残留在切割后试样中的横向应力测试出来，将释放横向应力和残留横向应力叠加，就可以获得切割面上的原始横向应力分布。

切割后面上残留的横向应力可以用 XRD 进行测试，这样通过轮廓法和表面应力测试方法，利用叠加原理就能获得切割面上的纵向应力和横向应力。Pagliaro 等[6]采用 X 射线衍射法+轮廓法经过一次切割获得了圆盘试样切割面上的两个方向应力分布。切割面上残留横向应力测试也可以用其他表面应力测试方法获得，如钻孔应变法、超声波法等。

以焊接试样应力测试为例，获得切割面上横向应力的分布示意图如图5-12所示。

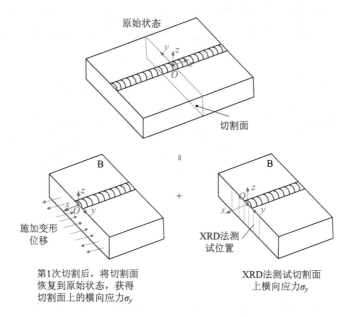

图 5-12　轮廓法和 X 射线衍射法复合测试示意图

3. 轮廓法+薄片+X 射线衍射法复合测试技术

本章介绍的正交面切割轮廓法（第一种扩展轮廓法），所获得的原始纵向应力和横向应力分别位于两个位置（中截面上的纵向应力和焊缝中心位置的横向应力）。此方法两次切割试样，降低了试样材料的利用率（如造成尺寸过小，无法进行相关材料性能试验），且此方法不能同时获得第 1 次切割面（中截面）上原始的横向和纵向应力分布。在轮廓法+X 射线衍射法基础上，结合轮廓法与裂纹柔度法的思路，经一次切割获得切割面应力后，再切割一薄片，测试薄片上的残留横向应力（X 射线衍射法）并叠加第 1 次切割释放纵向应力对薄片横向应力影响的方法（一次切割轮廓法+薄片+X 射线衍射法），得到第 1 次切割面上残留的横向应力和释放的横向应力，最终通过叠加原理获得切割面上原始的横向应力分布。

一次切割轮廓法+薄片+X 射线衍射法的实施步骤和原理示意图见图 5-13，包括以下过程：①一次切割轮廓法测试获得垂直于切割面方向的原始应力分布（即原始纵向应力分布）；②再次使用慢走丝线切割设备，以相同的切割参数，从切割后的 1/2 试样沿垂直于切割面方向(即沿坐标系 x 方向)切割 5mm 厚的薄片;③利用 X 射线衍射法测试 5mm 厚薄片表面上残留的横向应力(即沿图 5-13 中坐标系 y 方向应力);④结合有限元计算获得第 1 次切割面纵向应力对薄片横向应力的影响,即获得薄片中因为第 2 次切割释放的横向应力;⑤将步骤③中 X 射线衍射法测试的结果与步骤④中计算值进行叠加(薄片残留的横向应力+释放的横向应力),可获得第 1 次切割面上的原始横向应力分布。

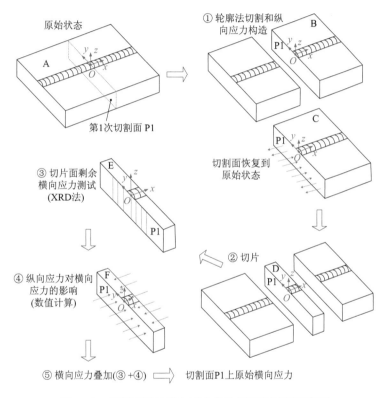

图 5-13　切割面原始横向应力构造原理及过程示意图

此方法避免通过第 2 次大范围切割来获得试样内部的横向应力,提高了材料的利用率,且能获得同一截面上的原始横向和纵向应力。

图 5-13 中,A 是原始试样,B 是 A 经一次切割轮廓法后的 1/2 试样,C 为第 1 次切割后的变形轮廓分析应力的计算步,根据轮廓法原理,B 中切割面 P1 的应力即为 C 中 P1 面的应力。D 是从 1/2 试样 B 中沿焊缝方向距切割面 5mm 宽度的薄片,E 是利用 X 射线衍射法获得薄片面上残留的横向应力,F 是分析切割面纵向应力对薄片面上横向应力的影响计算步,F 获得的应力就是纵向应力对薄片横

向应力影响值，即获得薄片中因为第 2 次切割(薄片切割)释放的横向应力。因此，将 E 和 F 进行叠加，就可获得 B 中 P1 面原始横向应力，即

$$\sigma_y^{(B)}(P1) = \sigma_y^{(C)}(P1) \tag{5-8}$$

$$\sigma_y^{(B)}(P1) = \sigma_y^{(E)}(P1) + \sigma_y^{(F)}(P1) \tag{5-9}$$

式中，下标 y 为图 5-13 中坐标系的 y 方向，即沿横向方向；$\sigma_y^{(B)}(P1)$ 为第 1 次切割面(P1 面)原始横向应力值；$\sigma_y^{(E)}(P1)$ 为薄片切割面残留的横向应力值；$\sigma_y^{(F)}(P1)$ 为第 1 次切割面纵向应力对薄片横向应力的影响值，即获得薄片中因为第 2 次切割释放的横向应力。

轮廓法+薄片+X 射线衍射法的复合应力测试技术应用示例见第 6 章。

4. 轮廓法+本征应变法构造整体应力

本征应变是产生残余应力的根源。如果获得了本征应变分布，就可构造出全局的应力分布。利用部分轮廓法测试数据(内部较准确的测试数据)或全部轮廓法数据可通过本征应变反分析法获得切割面上的本征应变分布，从而获得切割面上的应力分布全貌。本书将这种方法也归入扩展轮廓法。Kartal 等[7]基于较短试样(厚80mm)的轮廓法应力测试结果，通过本征应变反分析法构造了不同制造工艺的本征应变分布，并基于构造的本征应变获得了不同长度试样的应力，分析了不同长度的厚 80mm 焊接试样所包含的残余应力与工程构件应力分布的区别，证实了试样长度对于准确表征工程构件应力分布的重要性。本征应变法构造出切割面的全局整体应力的思路和步骤见第 4 章。

以棒状激光选区熔化(SLM)增材制造钛合金试样的局部轮廓法测试结果(内部应力)为基础，基于反分析法构造该制造工艺条件下的本征应变分布，进一步构造出该试样整体应力分布(包含表层应力)的示例见第 7 章。

5. 深孔轮廓法

深孔轮廓法(deep-hole contour method)结合深孔法的局部应力释放方法(钻孔)和轮廓法的数据处理方式(切割面变形作为有限元边界条件构造应力)，可以避免深孔法的复杂数据处理和轮廓法对高精度切割机床的要求以及对构件的全破坏程度[8]。该方法结合了深孔法和轮廓法的思想，实现门槛比较低，其步骤如图 5-14 所示。图 5-14 中，步骤(a)为含残余应力的待测试样；步骤(b)为在试样中钻孔，由于应力释放，孔的形状发生变化；步骤(c)中，采用空气探针以一定间距测量步骤(b)所钻孔的变形直径($d'(\theta)$)，该步骤也可以采用三坐标测量机测量其变形；

步骤(c)进行之前,在无应力相同材料试样上用相同的钻头和加工参数进行钻孔并测试孔径,作为参考孔 $d(\theta)$;步骤(d)计算无应力状态和有应力状态下两者所钻孔的直径变化($\Delta d=d'(\theta)-d(\theta)$);步骤(e)采用有限元法构建钻孔后的模型(二维模型),将应力状态的孔变形恢复到无应力状态下钻孔形貌,就得到原始应力。基于应力叠加假设,这种方法可以独立获得各方向应力(σ_x、τ_{xy} 和 τ_{yz})沿孔深度的分布。

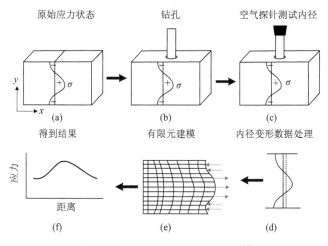

图 5-14　深孔轮廓法的实施步骤[8]

深孔轮廓法的假设条件如下:①钻孔过程的残余应力释放为弹性,造成孔表面的变形;②钻孔过程的塑性可以忽略;③一个方向应力释放造成的变形不影响另外方向应力释放造成的变形;④采用二维模型构造应力时,可以假设孔表面是平的。该方法经过试验验证,认为测试误差为±25MPa。孔的加工可以采用电火花等方法以避免过大的加工应力。

5.3　本 章 小 结

本章介绍了一次切割轮廓法基础上的扩展形式轮廓法,经过多次切割和叠加原理,轮廓法可以测试构件多个位置和多个方向应力分布。此外,本章也介绍了轮廓法和其他应力测试方法结合的复合应力测试技术,多种应力测试方法结合是残余应力测试的发展方向。

参 考 文 献

[1]　Achouri A. Advances in the contour method for residual stress measurement[D]. London: The

Open University, 2018.

[2] Achouri A, Hosseinzadeh F, Bouchard P J, et al. The incremental contour method using asymmetric stiffness cuts[J]. Materials & Design, 2021, 197: 109268.

[3] Olson M D, Hill M R. A new mechanical method for biaxial residual stress mapping[J]. Experimental Mechanics, 2015, 55(6): 1139-1150.

[4] Olson M D, Hill M R, Patel V I, et al. Measured biaxial residual stress maps in a stainless steel weld[J]. Journal of Nuclear Engineering and Radiation Science, 2015, 1(4): 041002.

[5] Wong W, Hill M R. Superposition and destructive residual stress measurements[J]. Experimental Mechanics, 2013, 53(3): 339-344.

[6] Pagliaro P, Prime M B, Robinson J S, et al. Measuring inaccessible residual stresses using multiple methods and superposition[J]. Experimental Mechanics, 2011, 51(7): 1123-1134.

[7] Kartal M E, Kang Y H, Korsunsky A M, et al. The influence of welding procedure and plate geometry on residual stresses in thick components[J]. International Journal of Solids and Structures, 2016, 80: 420-429.

[8] Taraphdar P K, Thakare J G, Pandey C, et al. Novel residual stress measurement technique to evaluate through thickness residual stress fields[J]. Materials Letters, 2020, 277: 128347.

第6章 平板类试样轮廓法应力测试

因为金属焊接和增材制造的应力具有幅值高、分布复杂、窄小区域变化梯度大、对构件的性能影响大等特点，对其进行测试和分析一直是科研和工程人员关注的重点。轮廓法也广泛应用于焊接及增材制造应力的测试。本书作者采用轮廓法测试了不同焊接方法形成的残余应力，如电弧焊(包括二氧化碳气体保护焊、氩弧焊、埋弧焊等)、摩擦焊(搅拌摩擦焊接、线性摩擦焊接、惯性摩擦焊接)、爆炸焊、磁脉冲焊接等；测试了不同焊接结构形式，如板对接焊、管环焊缝、搭接、角接、管环焊缝堆焊、高强钢修补焊等；不同试样厚度(板试样厚度达 55mm，管试样直径达 293mm)；不同材料试样，包括钢(高强钢、不锈钢)、铝合金、钛合金、镍基合金、锆、铜等；不同增材制造方式，如电弧熔丝增材制造和激光选区熔化增材制造；还包括了火焰切割和水刀切割试样的应力。本书第 6 章和第 7 章主要以焊接及增材制造试样为重点介绍轮廓法的典型应用。通过这些典型应用的介绍来说明轮廓法的通用性和适用性。本书介绍轮廓法典型应用时，其夹持方式、切割参数、切割面轮廓测试及其参数选择也进行了详细介绍。读者可以根据测试对象的形状参考夹持方式和切割面变形轮廓测试策略，根据测试对象的材料来参考相应的切割参数。介绍轮廓法典型应用时，也结合前几章介绍的扩展轮廓法和复合测试技术、轮廓法误差修正方法的应用。此外，本书针对测试对象(主要是金属焊接和增材制造)的应力分布特征也做了分析和评价,可为测试类似试样的应力结果提供参考。

因为平板类试样的试验准备以及轮廓法测试都比较容易开展，所以轮廓法测试这类试样的应用较多。本书第 6 章介绍平板类试样的测试过程。以平板类试样介绍一次切割轮廓法、正交面切割轮廓法、三次切割轮廓法和扩展轮廓法的应用。本书第 7 章主要介绍轮廓法在非平板类试样上的应用，包括管试样、小尺寸异形试样、棒状试样、T 形试样等。

6.1 铝合金搅拌摩擦焊接残余应力测试

6.1.1 测试试样

测试厚度为 8mm 和 4mm 的 AA6061-T6 铝合金搅拌摩擦焊接试样。试样的尺寸和轮廓法切割位置示意图如图 6-1 所示。厚 8mm 试样的焊接参数为：焊接速度为 250mm/min，搅拌头的转速为 500r/min，顺时针旋转；采用锥形搅拌头，轴肩直径为 20mm，搅拌针高度为 5.8mm，搅拌针最大直径为 6mm，锥角为 10°。厚 4mm 试样的焊接速度为 300mm/min，搅拌头旋转速度为 800r/min，锥形搅拌头的轴肩直径为 10mm，搅拌针高度为 3.8mm，搅拌针最大直径为 5mm，锥角为 10°。该试样的详细制造过程介绍见文献[1]。

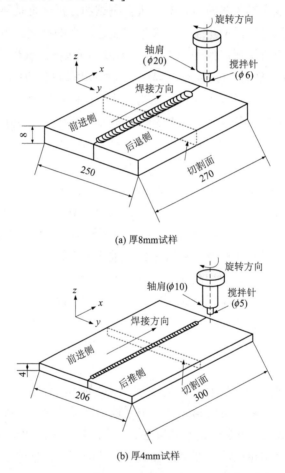

(a) 厚8mm试样

(b) 厚4mm试样

图 6-1　铝合金试样的尺寸及切割面示意图（单位：mm）

6.1.2　轮廓法应力测试过程

1. 试样切割

将试样夹持在支撑板上，采用 Sodick AQ400Ls 慢走丝线切割机进行切割，切割面垂直焊接方向，如图 6-1 所示。轮廓法测试得到该切割面上的应力为 x 方向应力，即纵向应力。切割丝直径为 0.25mm 的纯铜丝，切割速度为 0.5mm/min。试样夹持照片如图 6-2 所示。

图 6-2　试样夹持

2. 切割面变形轮廓测试

切割后，采用海克斯康三坐标测量机（HEXAGON GLOBAL）测量切割面的变形轮廓。对于厚 8mm 试样，焊缝中心两侧距离 40mm 采用 0.5mm（厚度）×0.5mm（宽度）的测试间距，以反映焊缝区域的变形梯度，别的区域测试间距为 0.5mm（厚度）×1mm（宽度）；对于厚 4mm 试样，整个切割面的测试间距为 0.5mm（厚度）×0.5mm（宽度）。变形测试照片如图 6-3 所示。三坐标测试时，以远离焊缝区域的局部位置板外变形来构造法向方向的基准。测试得到的切割面变形如图 6-4 所示。

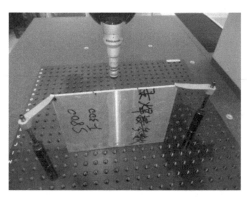

图 6-3　三坐标测试变形轮廓

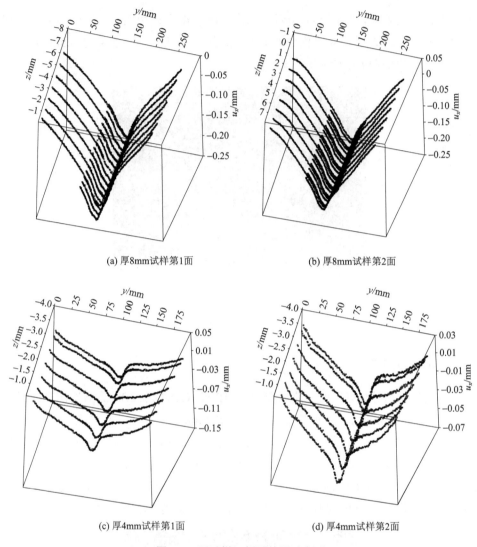

(a) 厚8mm试样第1面　　　　　　　　(b) 厚8mm试样第2面

(c) 厚4mm试样第1面　　　　　　　　(d) 厚4mm试样第2面

图 6-4　两试样切割面的测试变形

3. 变形数据处理

将两面测试变形轮廓插值到规则网格（0.5mm×0.5mm，该网格尺寸和应力构造有限元模型切割面网格尺寸一致），然后将两面轮廓进行平均处理，采用三次样条曲面进行光滑拟合，经拟合的光滑曲面如图 6-5 所示。从图 6-3 中看出，焊缝区域的变形呈现凹陷变形，说明焊缝区域呈现拉伸应力，且厚 8mm 试样的变形幅值明显大于厚 4mm 试样的变形。

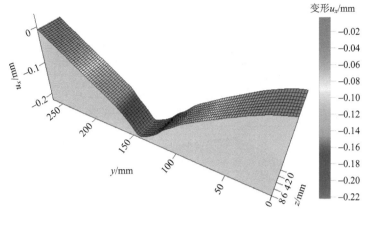

(a) 厚8mm试样

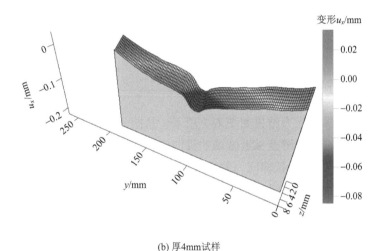

(b) 厚4mm试样

图 6-5　光滑拟合后的 x 方向变形轮廓

4. 有限元应力构造

以切割后试样尺寸建立有限元模型，以尺寸 0.5mm×0.5mm 划分切割面的网格，然后将光滑拟合后的变形轮廓作为边界条件施加到模型的切割面上，进行弹性有限元分析，即得到切割面上的法向应力(即纵向应力)。所用材料的弹性模量为 69GPa，泊松比为 0.34。模型中施加额外的拘束条件以防止刚性移动。施加边界条件后的变形有限元模型如图 6-6 所示。

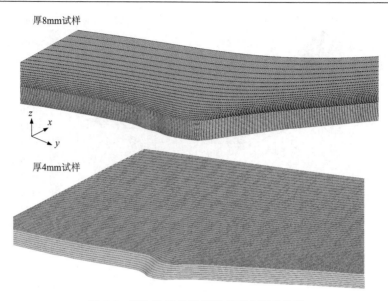

图 6-6　施加边界条件后的变形有限元模型

6.1.3　测试结果及分析

　　测试得到的纵向应力结果如图 6-7 所示。从图 6-7 中看出，两个接头的纵向应力分布趋势相近。焊缝及邻近区域的纵向应力为拉伸应力，远离焊缝区的母材内纵向应力为压缩应力，拉伸应力的宽度明显大于搅拌头的轴肩作用范围（热力影响区）。前进侧的纵向应力大于后退侧的应力，且峰值拉伸应力出现在前进侧轴肩边缘位置一定深度。本章测试的搅拌摩擦焊接接头的应力分布与 Sutton 等[2]采用中子衍射法测试的铝合金搅拌摩擦焊接的应力分布趋势一致。

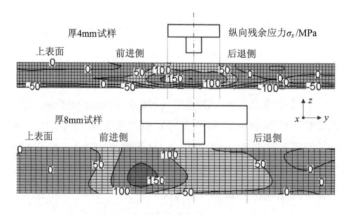

图 6-7　测试的两搅拌摩擦焊接试样的纵向应力分布

　　图 6-8 为两个试样上下表面和中等厚度位置线的纵向应力分布。从图中可以看出，两试样搅拌摩擦焊产生的纵向应力沿厚度分布不均匀，峰值拉伸应力出现在内部，大致为中等厚度位置。从图 6-8 中还可以看出，得到的搅拌摩擦焊纵向应力在焊缝区域呈现"尖峰"分布。这种搅拌摩擦焊接纵向应力分布形式与焊接参数和材料相关。

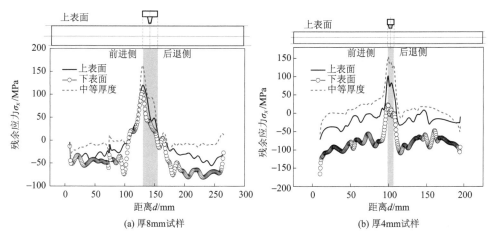

(a) 厚8mm试样　　　　　　　　　(b) 厚4mm试样

图 6-8　上下表面和中等厚度位置线的纵向应力分布

　　选择焊缝中心和轴肩边缘位置三条线,画出纵向应力沿厚度分布如图6-9所示。从图 6-9 中看出，三条线上的纵向应力都为拉伸应力，且内部纵向应力比上下表层的应力大。峰值纵向应力出现在前进侧的搅拌头轴肩边缘(两试样的峰值纵向应力都为 168MPa)，且峰值纵向应力出现位置为厚度的 62.5%(厚 8mm 试样为距上表面 5mm 位置，厚 4mm 试样为距上表面 2.5mm 位置)，达到材料屈服强度

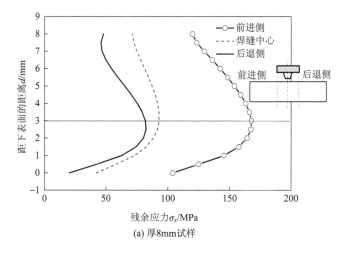

(a) 厚8mm试样

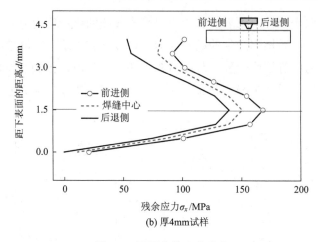

(b) 厚4mm试样

图 6-9　沿厚度的应力分布

（AA6061-T6 铝合金的室温屈服强度为 276MPa）的 61%。Deplus 等[3]研究认为铝合金搅拌摩擦焊接的最大应力大多数情况下小于母材的屈服强度，对于 6082-T6 铝合金，其最大纵向应力达到母材屈服强度的 40%～60%。本书的测试结果与 Deplus 等的研究结论相似。

6.2　厚钢板多道焊接残余应力测试

6.2.1　测试试样

　　测试试样为 300mm×302mm×55mm 的 Q345 钢多道焊接板，焊接方法为机器人控制的二氧化碳气体保护焊，焊接前的尺寸和坡口尺寸如图 6-10 所示。该试样的焊缝形貌和焊道顺序见本书第 3 章图 3-18。该试样的制造工艺参数、材料信息等见文献[4]～[6]。

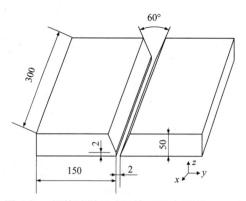

图 6-10　焊接试样尺寸及坡口尺寸(单位：mm)

6.2.2　轮廓法应力测试过程

采用正交面两次切割轮廓法测试该试样的纵向应力(沿焊缝方向应力 σ_x)和横向应力(垂直焊缝方向应力 σ_y)，两次切割面位置示意图如图 6-11 所示。第 1 次获得切割面上的纵向残余应力(x 方向应力)和该面上部分横向应力(y 方向应力)；第 2 次切割沿焊缝中心位置，获得该位置截面上的残留横向应力(第 1 次切割释放了部分应力)，将两次切割获得的横向应力叠加就获得第 2 次切割面上的横向残余应力。该试样残余应力轮廓法测试过程详细介绍如下。

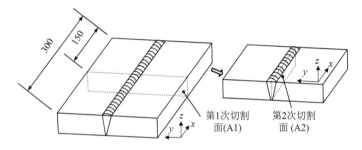

图 6-11　切割面示意图(单位：mm)

1. 切割

在拘束状态下，将试样沿应力评价位置切割成两半。切割设备为高精度慢走丝线切割机(Sodick AQ400Ls)。该试样焊接后发生较大角变形，为稳定夹持，采用楔形块垫在试样底部，并用压板将试样夹持在支撑板上，支撑板固定在机床工作台上。夹持示意图和夹持照片如图 6-12 所示。切割丝直径为 0.25mm 的铜丝，切割速度为 0.2mm/min。

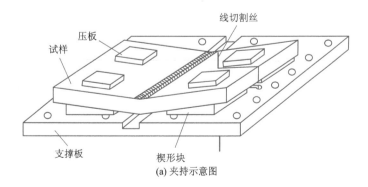

(a) 夹持示意图

(b) 夹持照片

图 6-12　试样夹持

2. 变形轮廓测试及曲面拟合

测量切割面的变形轮廓，然后将每次切割形成的两切割面变形轮廓数据平均并光滑拟合以消除测量误差。采用高精度三坐标测量机（HEXAGON GLOBAL）来测量切割面的变形。第 1 次切割面上焊缝中心两侧±50mm 区域的测点间距细密，为 1mm×1mm，其他区域测试点间距为 2mm×2mm；第 2 次切割面的变形轮廓测试间距为 1mm×1mm（第 1 次切割的两面变形轮廓测试后再进行第 2 次切割和轮廓测试）。测试点距需要进行优化，可先用不同的点距测试一条线，比较不同点距测试结果的异同，最终获得合适的测试点距反映切割面的变形幅值和变化趋势特征。第 1 次切割后的测试点间距示意和轮廓测试照片如图 6-13 所示。变形轮廓测试时，选择两面上远离焊缝区域点建立测试基准，且两面基准点的坐标完全一致，并测试两面的轮廓线以验证两面的测试坐标系为镜像关系。

将两切割面的测试变形轮廓进行平均处理，然后采用样条曲面进行光滑拟合。样条曲面光滑拟合算法的最优结点可采用第 2 章介绍的算法来选取。第 1 次切割面和第 2 次切割面变形数据经平均拟合后得到的点云结果如图 6-14 所示。从图中可以看出，数据经过处理后奇异点已经不存在，点云曲线变得更加光滑。图 6-15 为第 1 次切割和第 2 次切割后的变形经光滑拟合后的曲面轮廓。

选择第 1 次切割面上距上表面 20mm 位置线，将两切割面该位置的测试变形数据、平均和拟合后的变形数据进行比较，如图 6-16 所示。从图中可以看出，拟合后的数据变化趋势平缓，两个切割面上的奇异点被去除，部分消除了切割和测试引起的误差。

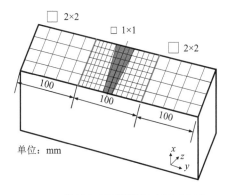

(a) 第1次切割面的测试点间距示意图

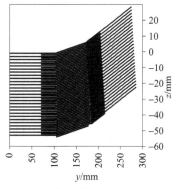

(b) 第1次切割面上测试点

(c) 第1次切割后变形轮廓测试照片

图 6-13　测试点间距和变形轮廓测试照片

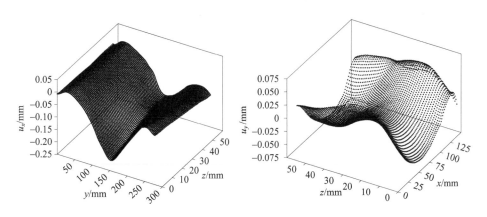

(a) 第1次切割面轮廓光滑拟合后的点云

(b) 第2次切割面轮廓光滑拟合后的点云

图 6-14　光滑拟合的点云

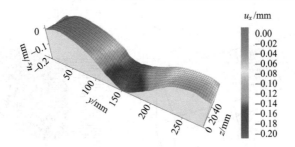

(a) 第1次切割光滑拟合后的曲面轮廓

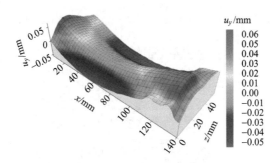

(b) 第2次切割光滑拟合后的曲面轮廓

图 6-15　光滑拟合的曲面

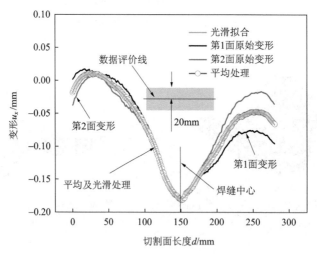

图 6-16　测试和拟合轮廓

3. 有限元应力构造

以切割后的试样尺寸建立有限元模型，将光滑拟合后的变形轮廓作为边界条件施加在有限元模型上进行弹性分析，就获得垂直于切割面的应力全貌。第 2 次切割面上的原始横向应力需要考虑叠加第 1 次切割造成的横向应力释放。施加边界条件后的变形有限元模型如图 6-17 所示。

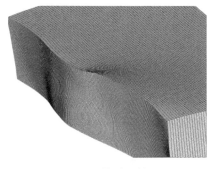
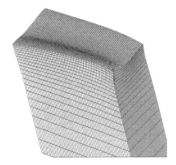

(a) 第1次切割　　　　　　　　　　　　　(b) 第2次切割

图 6-17　施加边界条件后的变形有限元模型(变形放大 100 倍)

6.2.3　测试结果及分析

该试样焊接完后存在较大角变形，测试的切割面也呈现角变形(图 6-13)。数据处理时，先将切割面坐标(y, z)根据角变形大小扭转到无角变形位置，然后进行数据插值和平均处理。应力构造后，再将切割面坐标进行反向扭转到角变形位置，则可显示出角变形状态下的应力分布。

轮廓法测试得到的焊缝中等长度位置横截面(图 6-11 中 A1 截面)上的纵向残余应力(沿焊缝方向应力，即 x 方向应力)和焊缝中心位置(图 6-11 中 A2 截面)上的横向残余应力(垂直焊缝方向应力，即 y 方向应力)分布如图 6-18 所示。应力构造时，忽略了焊缝余高部分的变形轮廓，故图 6-18 中的焊缝区域没有余高。从图中看出，测试得到的焊缝及其邻近区域的纵向应力为拉伸应力，峰值拉伸纵向应力出现在焊缝中心一定深度位置；远离焊缝区域的纵向应力为–400～0MPa 的压缩应力，与焊缝区域的拉伸应力平衡。由于是单 V 形坡口焊接，整个焊缝上宽下窄，从图 6-18 中可以看出，接头上部分高于 200MPa 的拉应力仅出现在焊缝区域，而下部分高于 200MPa 的较高拉应力出现在焊缝、热影响区和母材位置。

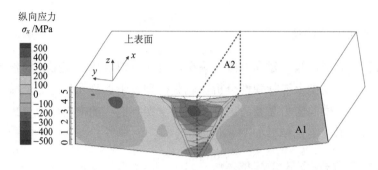

(a) A1面上的纵向应力分布

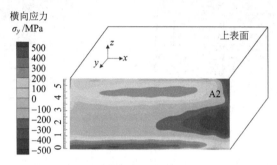

(b) A2面上的横向应力分布

图 6-18　测试得到的 A1 面上纵向应力和 A2 面上横向应力

　　测试得到的焊缝中心位置纵向截面上大部分区域(除试样边缘)的横向应力从上表面到下表面呈现拉应力—压应力—拉应力分布趋势；距上表面约 10mm 位置出现了 200～400MPa 的局部高拉伸应力区域；距下表面 0～5mm 区域的横向应力达到 300～500MPa，且峰值应力出现在下表面附近。焊接造成的角变形相当于给焊缝施加了附加弯矩作用应力，叠加焊接本身造成的热应力，故造成根部焊缝及其邻近区域的横向应力较大。从图 6-18 的结果可以看出，焊缝根部及其邻近区域的横向和纵向焊接残余应力都为较大的拉伸应力，特别是横向拉伸残余拉应力达到 300～500MPa，该区域为应力危险区，在外载荷及环境介质综合作用下，容易出现疲劳裂纹或应力腐蚀开裂。本书作者也采用了热弹塑性有限元法计算了该试样的应力分布，并和轮廓法测试结果进行了比较，两种方法得到的应力分布趋势基本一致[5]。该试样轮廓法测试结果和热弹塑性法计算结果比较详见本书第 3 章。

　　为进一步分析该接头的应力分布特征，绘制出焊缝中心位置的沿厚度纵向应力(切割面 A1 上焊缝中心位置 L1 线)和横向应力(切割面 A2 上 L2 线)分布如图 6-19(a)所示。考虑到轮廓法由于切割和轮廓测试局限性造成 0～2mm 表层测试误差较大，A2 截面上选取的 L2 线距切割面边缘 16mm。选择第 1 次切割面上距试样下表面 5mm、27mm 和 50mm 位置线（L3～L5 线）画出沿该三条线上的测试纵向应力，如图 6-19(b)所示，分析不同厚度位置纵向应力的分布特征，图中也标记了各条线所在位置的焊缝宽度。

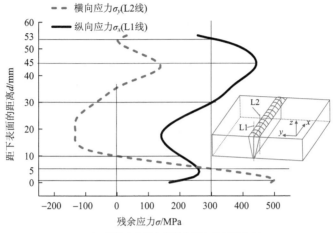

(a) 焊缝中心横向和纵向应力沿厚度分布

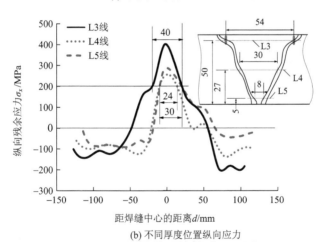

(b) 不同厚度位置纵向应力

图 6-19　不同位置线上的应力分布（单位：mm）

从图 6-19(a)中看出，焊缝中心位置纵向应力为拉伸应力，且距下表面 30～53mm 区域的纵向应力大于 300MPa，峰值应力出现在距上表面 10mm 位置（440MPa）。考虑到轮廓法表层应力测试误差较大，可以认为距上表面 0～25mm 内纵向应力大于 300MPa。横向应力从上表面到下表面呈现拉应力—压应力—拉应力的分布趋势；距下表面 0～10mm 区域，横向应力为拉伸应力，距下表面 0～5mm 区域，横向拉伸应力幅值大于 300MPa。尽管测试结果表明焊缝中心位置的横向拉伸应力峰值出现在距下表面 1mm 位置，达到 500MPa，但考虑到轮廓法测试的表层应力误差较大因素以及焊缝材料的屈服强度，认为焊缝中心横向拉伸应力峰值小于 500MPa，出现在距下表面 0～5mm 区域。

从图 6-19(b) 中看出，测试得到纵向应力在焊缝及其邻近区域为拉伸应力，距上下表面 5mm 位置线(L3、L5 线)的拉应力峰值大于中部位置线的拉应力峰值。沿 L3 线上幅值大于 200MPa 的高拉应力区域宽度为 40mm，小于 L3 线所处位置的焊缝宽度(54mm)；沿 L5 线上(焊缝根部区域)纵向应力幅值大于 200MPa 的高拉应力区域宽度为 30mm，远大于 L5 线所处位置的焊缝宽度(8mm)。图 6-19(b) 的结果表明，上半部分焊缝的纵向拉伸应力幅值较大(大于 300MPa)，但其分布宽度小于焊缝宽度(即高拉伸应力分布区域仅出现在焊缝)；由于单 V 形坡口焊接的焊缝上宽下窄，焊缝下半部分(特别是根部焊缝)区域纵向应力幅值小于 300MPa，高于 200MPa 的应力分布区宽度远远大于该位置的焊缝宽度。

图 6-18 和图 6-19 的结果也说明，轮廓测试能获得试样整个厚度上的应力分布全貌，且可以分析截面上任意位置的应力分布；两次切割能获得两个方向的内部应力分布全貌。测试的厚 55mm 单 V 形坡口多道焊接内部残余应力分布与 Woo 等[7-9]采用轮廓法、中子衍射法和有限元法获得的厚 80mm 单 V 形坡口多道焊接接头应力分布趋势基本一致，且与 Stefanescu 等[10]采用深孔法测试厚 50mm 的 S690Q 钢板对接多道焊接头焊缝中心位置内部应力分布趋势一致。

6.3　厚焊接钢板经超声冲击处理后的残余应力测试

6.3.1　测试试样

测试试样为 400mm×400mm×47.6mm SA738Gr.B 高强钢焊接件，焊接方法为手工焊条电弧焊，双 V 形坡口。该试样母材屈服强度为 614MPa，焊缝金属屈服强度为 634MPa。试样焊缝区域上下表面进行了超声冲击处理以调控焊接残余应力。该试样的尺寸、焊缝形貌和超声冲击处理照片如图 6-20 所示。采用两次切割轮廓法测试该试样的纵向和横向残余应力分布，切割面位置如图 6-20(a) 所示。

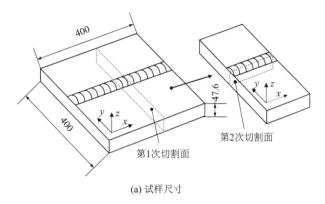

(a) 试样尺寸

(b) 试样超声冲击处理

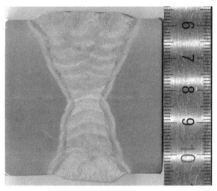

(c) 焊缝形貌

图 6-20　测试试样尺寸、超声冲击处理过程和焊缝形貌(单位：mm)

6.3.2　轮廓法应力测试过程

1. 试样切割

采用 Sodick ALN400Qs 慢走丝线切割机来完成正交面两次切割。所用切割丝为直径 0.25mm 的铜丝，切割速度约为 0.2mm/min。切割时，采用专用垫板和压板将试样夹持在工作台上，并在夹紧后将试样和夹具浸入切割机去离子水槽中以保证两者温度一致，避免温差造成的变形和应力，同时防止试样在切割过程中发生相对位移，从而减少因切割引起的测试误差。试样夹持示意图如图 6-21 所示。

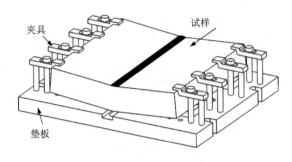

图 6-21　试样夹持示意图

2. 切割面变形轮廓测试及数据处理

采用海克斯康三坐标测量机（HEXAGON GLOBAL）分别测量两组切割面变形轮廓。在测试切割面的变形轮廓数据时，考虑到线切割在切入和切出端的切割速度不稳定，会造成切入和切出端区域的测试误差，需舍弃切入或切出端一定距离的数据。因此，第 1 次切割面舍弃距切割端部 20mm 区域的数据，同时选择远离焊缝区域作为测试坐标基准，有效轮廓数据长度为 360mm（总切割长度为400mm）。第 2 次切割面也舍弃距切割端部 10mm 区域的数据，选择远离焊缝区域作为测试坐标基准，有效长度为 180mm。由于焊接残余应力集中于焊缝及其邻近区域，远离焊缝区域的应力较小，切割后应力释放造成的变形在远离焊缝区域较小，故测试切割面变形轮廓时，焊缝区域的变形特征和幅值需要仔细密集测试，远离焊缝区域可以相对稀疏测试。针对第 1 次切割面，距焊缝中心±80mm 区域采用 1mm×1mm 间距测试，其余区域测试采用 2mm×2mm 间距测试。第 2 次切割面测试点距采用 1mm×1mm 间距测试。两次切割面轮廓测试点间距示意图如图 6-22所示。

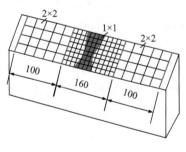

(a) 第1次切割面测试点间距

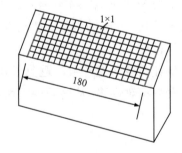

(b) 第2次切割面测试点间距

图 6-22　切割面轮廓测试点间距示意图（单位：mm）

图 6-23 为试样切割后测试的两组切割面原始轮廓。图 6-23（a）和（b）为第 1 次切割后两个切割面的变形轮廓，图中焊缝中心位置的测试点密集，远离焊缝区域的测试点稀疏。从图中看出，两切割面的焊缝区域轮廓变化剧烈，而远离焊缝区域的轮廓变化平缓，焊缝区域由于应力释放造成其切割面变形轮廓呈现下凹形貌。图 6-23（c）和（d）为第 2 次切割的两个切割面变形轮廓，靠近上下表面的区域出现下凹变形，中部的变形为上凸，可以预测切割面上（焊缝中心位置）的横向应力内部为压缩应力，靠近上下表面的横向应力为拉伸应力，即从试样上表面到下表面焊缝中心位置的横向应力呈现拉伸—压缩—拉伸的分布趋势。

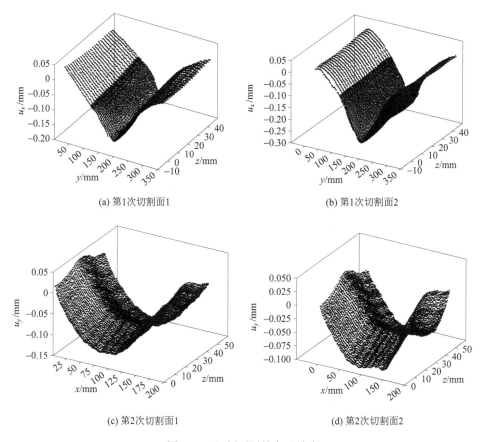

(a) 第1次切割面1　　　　　　　　　　　　　(b) 第1次切割面2

(c) 第2次切割面1　　　　　　　　　　　　　(d) 第2次切割面2

图 6-23　切割面原始变形轮廓

将两切割面的轮廓进行平均处理，然后进行光滑曲面拟合，采用 3 次样条曲面对平均后的切割面轮廓进行曲面光滑拟合处理，得到的拟合结果如图 6-24 所示。从图 6-24（a）可以看出，第 1 次切割面上焊缝区域呈现凹陷变形，其变形量峰值达到-0.20mm, 远离焊缝区域变形幅值逐渐减小; 从图 6-24 (b) 中可以看出, 第 2 次切割后, 焊缝中心位置的横向变形较小 (第 1 次切割后剩余的横向应力释放造成的变形), 沿厚度上下表层的变形量大, 中间区域的变形量小。

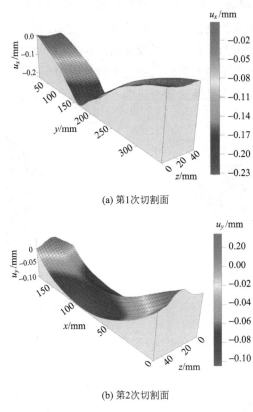

(a) 第1次切割面

(b) 第2次切割面

图 6-24　光滑拟合后的切割面变形轮廓

3. 有限元应力构造

根据有效测试数据尺寸通过有限元软件建立有限元模型 (两次切割的模型尺寸分别为 360mm×200mm×48mm 和 200mm×180mm×48mm), 以 1mm×1mm 网格划分有限元模型的切割面, 然后将光滑拟合后的变形轮廓数据插值 1mm×1mm 网格, 并反向后作为边界条件逐节点施加到有限元模型中, 在远离切割面的两节点上施加附加位移约束以防止模型刚性移动, 进行弹性计算, 分别获得切割面上的纵向应力和横向应力分布。有限元模型所用材料的弹性模量为 200GPa, 泊松比为 0.3。施加边界条件 (光滑拟合轮廓) 后的变形有限元模型如图 6-25 所示。

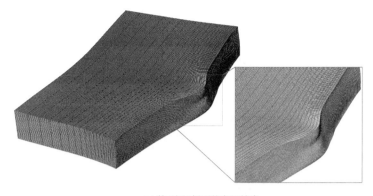

(a) 第1次切割面的变形轮廓

(b) 第2次切割面的变形轮廓

图 6-25　施加边界条件后的有限元模型(变形放大 200 倍)

6.3.3　测试结果及分析

图 6-26 为 47.6mm 厚 SA738Gr.B 高强钢双 V 形坡口试样经超声冲击处理后的内部纵向应力分布云图。由图 6-26 可知，试样表面经超声冲击处理后，冲击区域的表层应力为纵向压缩应力，压缩应力值范围–100～0MPa，超声冲击处理造成的压缩应力层深度达到 1～2mm，考虑焊缝余高达到 1～2mm(轮廓法测试没有考虑余高)，可以认为超声冲击处理造成的压缩应力深度可达 2～4mm。不考虑超声冲击处理对上下表面应力造成的影响，可以发现：在焊缝及其邻近区域的纵向应力表现为拉伸应力，拉伸应力值范围 0～600MPa，且应力分布形式和坡口形式相同，呈双 V 形；纵向拉应力峰值出现在焊缝中心一定深度位置，且应力峰值接近焊材的室温屈服强度，而远离焊缝区域的纵向应力逐渐降低为压缩应力，其压缩应力幅值–200～0MPa，与焊缝区域的纵向拉伸应力平衡。

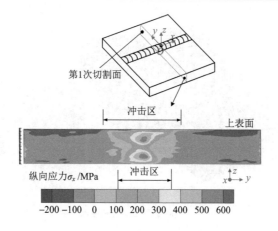

图 6-26　第 1 次切割面上的纵向应力分布

基于叠加原理获得第 2 次切割面上的原始横向应力分布如图 6-27 所示。由图 6-27 可知，经超声冲击处理，焊缝中心的上下表层的横向应力为压缩应力，如果不考虑超声冲击处理对表面应力的影响，原始横向应力从上表面至下表面呈现拉应力—压应力—拉应力分布；横向拉伸应力幅值为 0～400MPa，且峰值拉伸应力出现在距上表面约 15mm 深度。

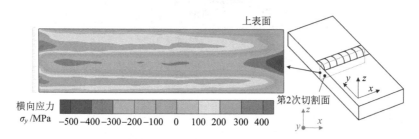

图 6-27　第 2 次切割面上的横向应力分布

选取第 1 次切割面上焊缝中心位置一条应力评价线(L1 线)和第 2 次切割面距边缘 8mm 位置一条应力评价线(L2 线)，进一步研究试样焊缝中心的纵向和横向应力，其结果见图 6-28。由图 6-28 可知，经超声冲击处理后，在试样下表面出现较小的纵向压应力，上表面出现较小的拉伸应力，横向应力在上下表面都为压缩应力，幅值为–120～0MPa，且压缩应力层为 1～4mm。不考虑超声冲击的影响，焊缝中心的纵向应力主要表现为拉伸应力，在距下表面 2～46mm 区域内，纵向拉应力幅值高于 200MPa，其峰值应力出现在距下表面 11mm 位置，约 550MPa；沿 L2 线的横向应力从上表面至下表面呈拉应力—压应力—拉应力分布趋势，距下表面 15～30mm 区域的横向应力为压缩应力,距下表面约 25mm 处出现峰值压应力(约为–250MPa)。

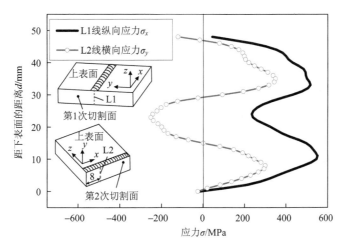

图 6-28　47.6mm 厚 SA738Gr.B 纵向和横向应力分布

本书作者采用轮廓法测试了不同厚度(30～55mm)、不同拘束条件(自由态和强拘束态)、不同应力状态(超声冲击处理态、热处理态和焊态)和不同强度等级高强钢(Q390 钢、EQ70 钢)多道焊接接头的内部残余应力分布[11-14],也采用 X 射线衍射法和小孔法对部分试样的表面应力进行了测试,验证了轮廓法测试结果,各试样测试所用拘束条件、切割参数和数据处理方式基本相同,进一步验证了轮廓法用于厚板多道焊接应力测试的可行性和适应性,也说明本书的轮廓法测试过程合理。

6.4　轮廓法+薄片+X 射线衍射法测试一个截面上两个方向应力

轮廓法+薄片+X 射线衍射法是轮廓法测试的扩展方式,其原理介绍见第 5 章。该方法在已经切割的试样上切割薄片,利用 X 射线衍射法测试薄片上残留的横向应力,然后利用叠加原理构造出第 1 次切割面上的横向应力,通过 1 次轮廓法切割、1 次薄片切割和 X 射线衍射法薄片表面应力测试,获得切割面上纵向应力和横向应力分布。该方法能在获得切割面上纵向应力全貌的同时,获得同一切割面的横向应力分布。

本章第 3 节采用第 1 次切割 47.6mm 厚 SA738Gr.B 钢试样获得纵向应力,本

节介绍利用该试样进行薄片切割和 XRD 测试，然后进行应力叠加过程。第 1 次
切割测试的过程和结果见 6.3 节。本节介绍薄片 XRD 应力测试和应力叠加过程。

6.4.1　薄片切割及 XRD 应力测试

　　从已经切割后的一半试样中采用慢走丝线沿垂直焊缝方向切割出 5mm 厚薄
片，切割丝为直径 0.25mm 的铜丝，切割速度约为 0.2mm/min。用除锈剂将薄片
表面的铁锈去除后再用酒精清洗，无须用打磨机对试样表面进行打磨处理。然后
采用电解抛光设备对每一个测试位置进行定点抛光处理，去除慢走丝线切割的影
响层，抛光深度约 0.1mm。再次使用酒精溶液清洗测试点位置并吹干。最后，利
用 X 射线衍射法测试薄片上横向应力(残留横向应力)。试验测试采用铬靶 X 射线
管，衍射晶面选取(211)晶面，测试电压为 20kV，测试电流为 4mA，薄片上 XRD
应力测试位置如图 6-29 所示。

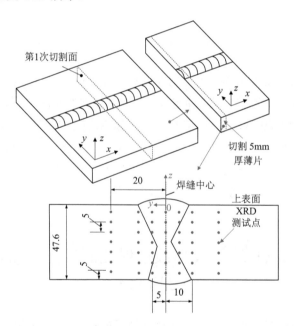

图 6-29　薄片测试位置(单位：mm)

　　X 射线衍射法测试薄片表面横向应力的结果如图 6-30 所示。由图 6-30 可知，
在距下表面约 25mm 处，焊缝左侧 20mm(L0–20 位置)和焊缝中心右侧
10mm(L0+10 位置)的横向应力都表现为较小的拉应力，其他测试点(距下表面
25mm 位置)都为较大压缩应力。焊缝中心(L0 位置)横向压缩应力明显高于其他
位置的压缩应力值，其值约为–410MPa；且随距焊缝中心越远，各位置的横向压

缩应力逐渐降低，这也说明 5mm 薄片的剩余横向应力主要分布于焊缝区域；在距焊缝中心±20mm 范围内，横向应力从上表面到下表面呈现拉应力—压应力—拉应力分布趋势。

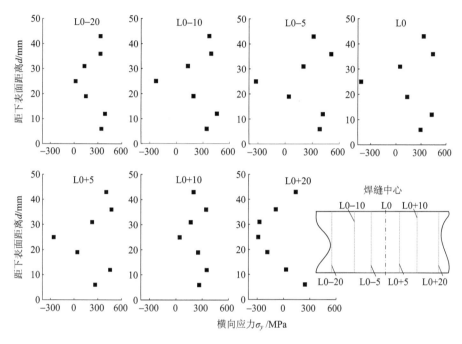

图 6-30　X 射线衍射法测试结果

6.4.2　纵向应力对薄片横向应力的影响

建立有限元模型，模型尺寸为 320mm×48mm×5mm（与本章第 3 节中第 1 次切割的截面尺寸一致），以 1mm×1mm 网格划分厚 5mm 的薄片模型，然后将正交面切割轮廓法第 1 次切割面上的纵向应力值（本章 6.3 节）逐节点施加到薄片的有限元模型中，施加位移约束条件进行弹性计算，获得纵向应力对薄片横向应力的影响，即获得薄片上因为切割释放的横向应力。计算模型共 79199 个单元和 97314 节点，材料的弹性模量为 200GPa，泊松比为 0.3。有限元模型及约束条件如图 6-31 所示。

图 6-32 为切割面纵向应力对薄片横向应力的影响。由图 6-32 可知，焊缝的横向应力分布形式与试样坡口形式相同，呈现双 V 形。由于试样焊后表面经超声冲击处理，距上下表面约 0～3mm 区域的横向应力表现为压缩应力，其压缩应力值为–120～–40MPa。不考虑超声冲击处理对试样的影响，焊缝中心的横向应力沿

厚度方向呈拉应力—压应力—拉应力分布趋势，整个薄片内部横向应力都表现为较小的压应力和较小拉应力，其应力幅值为–40～80MPa。

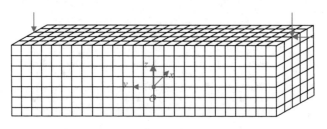

图 6-31　有限元模型及约束条件

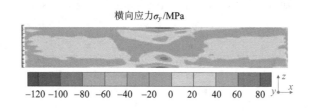

图 6-32　纵向残余应力对薄片横向应力的影响

6.4.3　薄片上横向应力叠加和比较

　　将厚 5mm 薄片表面残留的横向应力值(XRD 测试)与切割面纵向应力对薄片横向应力的影响(即薄片中因为第 2 次切割释放的横向应力，有限元计算所得)进行叠加，可获得第 1 次切割面上的原始横向应力分布。

　　将正交面切割轮廓法获得横向应力结果(6.3 节介绍的第 2 次切割)与一次切割轮廓法+薄片+X 射线衍射法获得的横向应力值(本节结果)进行对比，如图 6-33 所示。由图 6-33(a)和(b)可知，一次切割轮廓法+薄片+X 射线衍射法的切割面纵向应力对薄片横向应力值影响较小(即薄片中因为薄片切割释放的横向应力较小)，其横向应力幅值为–120～70MPa，主要的横向应力残留于薄片中。可以看出，两种方法获得横向应力分布虽然存在一定的误差，但横向应力分布趋势相对一致且吻合较好，说明一次切割轮廓法+薄片+X 射线衍射法能同时获得切割面上的纵向应力和横向应力分布。

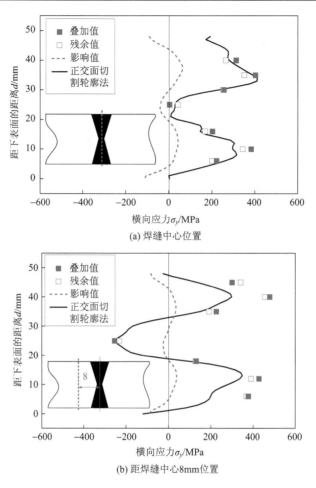

图 6-33　两种方法测试的横向应力比较

6.5　厚板局部补焊残余应力测试

　　焊后焊缝出现缺陷或者结构服役过程中出现缺陷的补救方法是清除缺陷部分的材料后进行补焊。补焊会显著影响焊接残余应力的分布和大小变化。轮廓法为研究修补焊内部应力分布提供了经济高效的手段。本节以厚板多道焊接试样局部补焊为研究对象，采用三次切割轮廓法(两次平行切割+一次正交切割)在一个试样上获得了试样原始焊缝位置、补焊位置和初始焊缝中心位置的应力分布，分析局部补焊对厚焊接接头残余应力的影响，分析厚板试样经横向切割后焊接应力的释放程度。三次切割轮廓法的测试原理见第 5 章。

6.5.1　测试试样

　　为制备补焊试样，先将两块 200mm×200mm×50mm 的 Q345 钢板采用二氧化碳气体保护焊方式对接焊接在一起。坡口形式为 X 形，总共焊道数为 22 道。上部坡口焊接 6 道后，进行碳刨清根处理，然后填满下部坡口，再翻面填充上部坡口。焊接完成后，将焊缝边缘位置局部区域采用碳刨方式清除并用角磨机打磨，形成 180mm（长）×27mm（宽）×27mm（深）的凹坑，然后对该凹坑进行补焊，补焊道数为 14 道。试样尺寸和坡口形式如图 6-34 所示，补焊焊缝凹坑照片、补焊焊道顺序如图 6-35 所示，原始焊缝形貌及补焊焊缝形貌如图 6-36 所示。Q345 母材的屈服强度为 392MPa，所用药芯焊丝的牌号为 CHT711HR，填充金属材料的屈服强度为 543MPa。该试样的详细制备过程介绍见本章参考文献[15]。

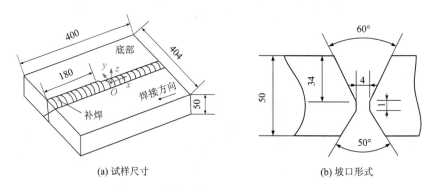

(a) 试样尺寸　　　　　　　　　　　　　(b) 坡口形式

图 6-34　试样尺寸及坡口形式（单位：mm）

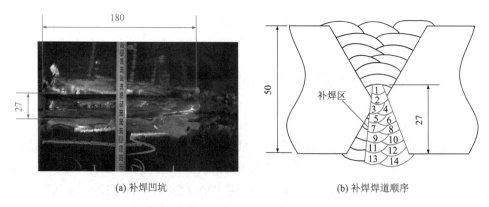

(a) 补焊凹坑　　　　　　　　　　　　　(b) 补焊焊道顺序

图 6-35　补焊凹坑尺寸及补焊焊道顺序（单位：mm）

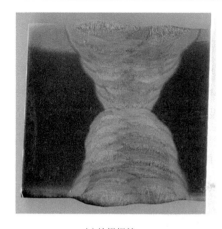
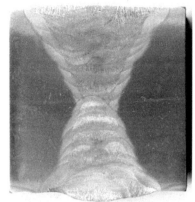

(a) 补焊焊缝　　　　　　　　　　　　　　(b) 原始焊缝

图 6-36　焊缝形貌

6.5.2　轮廓法应力测试过程

1. 试样切割

为了研究补焊区域和原始焊道区域的应力分布不同，采用三次切割方式获得三个平面上的应力分布。三次切割面的位置示意图如图 6-37 所示。第 1 次切割位置为试样中截面位置，可以获得该位置的纵向应力；第 2 次切割为补焊区域中间位置，与第 1 次切割位置的距离为 100mm，可获得补焊位置的纵向应力分布；第 3 次切割面为焊缝中心位置，可以获得垂直该面的应力分布，即焊缝中心位置的横向应力。每次切割夹持方式为指状夹持，第 1 次和第 2 次切割时两侧先加工导向孔(图 6-38)，按嵌入式切割方法进行。三次切割轮廓法的应力分析过程见第 5 章。

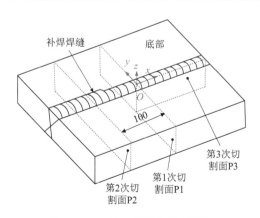

图 6-37　三次切割面位置示意图

2. 切割面变形轮廓测试和数据处理

采用 Sodick ALN400Qs 慢走丝线切割机完成 3 次切割，所用切割丝为直径 0.25mm 的铜丝，切割速度为 0.12mm/min。将切割后的采用海克斯康三坐标测量机（HEXAGON GLOBAL）测量切割面变形轮廓（图 6-38），焊缝区的测试间距为 1mm，远离焊缝区域测试间距为 2mm。测试的变形轮廓经平均、光滑拟合和插值处理后，作为有限元的边界条件经弹性计算获得切割面上的应力分布。

导向孔

图 6-38　切割面轮廓测试

切割面的变形轮廓数据测试时，考虑到线切割切入和切出造成的误差，舍弃距切割端部 40mm 区域的数据（包含导向孔区域），因此第 1 次和第 2 次切割面的有效轮廓数据长度为 320mm。也可测试整体的切割面数据，在数据处理阶段舍弃边缘和奇异数据。由于焊接应力集中在焊缝及其邻近区域，远离焊缝区域的应力较小，切割后应力释放造成的变形在远离焊缝区域较小，故轮廓测试时，选择远离焊缝区域作为测试基准点。第 3 次切割后也舍弃距端面 5mm 区域的数据，其有效轮廓数据长度为 190mm。针对第 1 次切割面和第 2 次切割面，距焊缝中心 ±80mm 区域采用 1mm×1mm 间距测试，其余区域测试采用 2mm×2mm 点距测试。第 3 次切割面为焊缝中心位置，故测试点距采用 1mm×1mm 点距测试。

3 次切割后测试的三组切割面原始轮廓如图 6-39 所示。由图 6-39（a）和（b）所示，第 1 次切割面焊缝中心位置的测试点密集，而远离焊缝区域的测试点稀疏，且两切割面的轮廓形貌略有不同，这是由于切割和测试造成的误差所致；焊缝区域的轮廓变化剧烈，而远离焊缝区域的轮廓变化平缓，焊缝区域由于应力释放造成其切割面轮廓呈现下凹形貌。由图 6-39(c)和(d)看出，切割面焊缝区域轮廓明显区别于第 1 次切割面轮廓，说明补焊会对焊态应力造成较大影响。由图 6-39(e)和(f)看出，第 3 次切割面上靠近上下表面的区域出现下凹变形，而中部的变形为上凸，可以预测该切割面上(焊缝中心位置)内部横向应力为压缩应力，靠近上下表面的横向应力为拉伸应力。

　　为部分消除切割和轮廓测试过程的误差，剔除奇异点后将两切割面的轮廓进行平均处理，然后进行光滑曲面拟合。采用 3 次样条曲面对平均后的切割面轮廓进行处理，得到的拟合结果如图 6-40 所示。由图 6-40(a)可以看出，第 1 次切割面上焊缝区域呈现凹陷变形，切割后变形量峰值达到 -0.17mm，远离焊缝区域变形较小呈现凸出变形，峰值达 0.01mm；由图 6-40(b)可以看出，第 2 次切割面上

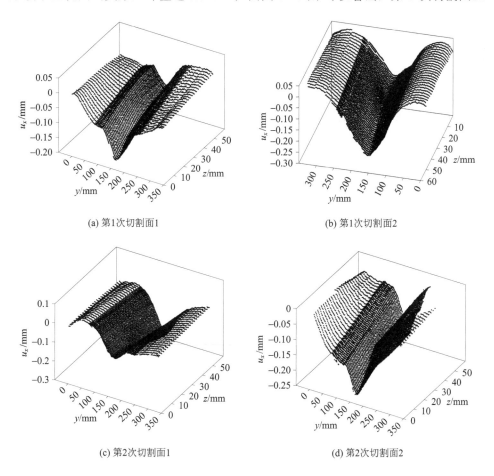

(a) 第1次切割面1　　　　　　　　　　　　(b) 第1次切割面2

(c) 第2次切割面1　　　　　　　　　　　　(d) 第2次切割面2

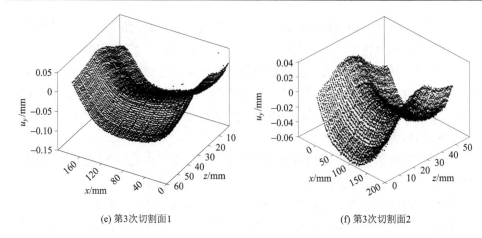

(e) 第3次切割面1　　　　　　　　　　(f) 第3次切割面2

图 6-39　切割面原始变形轮廓

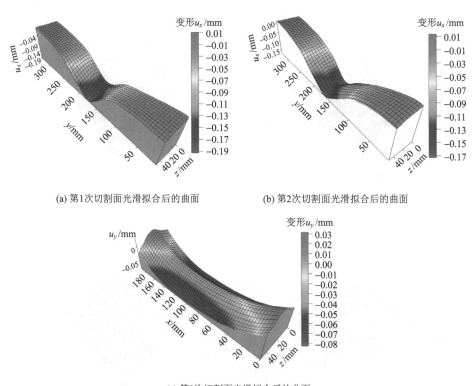

(a) 第1次切割面光滑拟合后的曲面　　　　(b) 第2次切割面光滑拟合后的曲面

(c) 第3次切割面光滑拟合后的曲面

图 6-40　光滑拟合后的切割面变形轮廓

焊缝区域的凹陷变形量峰值达到-0.19mm（补焊区域），且沿厚度分布不均匀，补焊区域的变形量大于原始焊缝区域变形量,远离焊缝区域的变形量小；由图 6-40(c)

可以看出，第 3 次切割后，焊缝中心位置的横向变形整体较小(第 1 次切割后剩余横向应力较小，释放后造成的变形较小)，沿厚度上下表层的变形量大，中间区域的变形量小。

3. 应力构造和叠加

根据有效测试数据尺寸通过有限元软件建立有限元模型，三次切割的模型尺寸分别为 320mm×200mm×50mm、320mm×100mm×50mm 和 190mm×200mm×50mm，切割面上有限元网格划分为 1mm×1mm。将光滑拟合后的切割面轮廓数据按照 1mm×1mm 间距插值，然后作为位移边界条件逐节点施加到有限元模型中，并在远离切割面的两节点上施加附加位移约束以防止模型刚性移动，经过弹性计算后获得各个切割面上的应力分布全貌。所用材料的弹性模量为 200GPa，泊松比为 0.3。

轮廓法测试的应力为第 1 次切割面上的原始纵向应力;试样经第 1 次切割后，其应力重新分布(部分应力释放)，以第 2 次切割后的变形轮廓弹性分析得到的纵向应力仅仅为第 2 次切割面上的剩余应力，需要获得第 1 次切割释放造成的释放应力与剩余应力进行叠加才能获得第 2 次切割位置的原始应力;第 3 次切割面的原始横向应力需将轮廓法测试获得第 3 次切割面上的剩余应力与第 1 次切割释放造成的释放应力进行叠加。

6.5.3　测试结果及分析

1. 测试的纵向应力和横向应力分布

基于轮廓法和应力叠加原理获得的 3 个位置上应力分布如图 6-41 所示。George 等[16]针对环焊缝修补焊应力进行研究，认为距补焊端部距离大于 25mm 的区域其环向应力不受修补焊影响。两次切割位置的距离为 100mm，补焊端部与第 1 次切割面的距离为 20mm，且修补焊端部的补焊深度浅、热输入小，故对第 1 次切割面位置的应力影响小，可以认为第 1 次切割面位置的应力为原始焊态应力。因此通过两个位置的应力可分析修补焊对原始应力的影响。图 6-41(a)为第 1 次切割面上的原始纵向应力分布，从图中可以看出，纵向应力分布形式和坡口形式相同，呈双 V 形;焊缝区域纵向应力为拉伸应力，远离焊缝区域出现纵向压缩应力以平衡焊缝区域的拉伸应力，压应力值为 0~200MPa;焊缝区域表层纵向应力大于内部纵向应力，上部区域的峰值拉伸应力为 440MPa，出现在距上表面约 8mm 深度位置，下部区域的峰值应力为 410MPa，出现在距下表面约 5mm 深度。图

6-41(b) 为第 2 次切割面的纵向应力分布,即为补焊位置的纵向应力,从图中可以看出,补焊原始纵向应力在焊缝区域呈现拉伸应力,远离焊缝区域为压缩应力,其分布趋势与原始焊缝的纵向应力分布趋势相对一致。补焊区域的焊缝峰值拉伸应力为 530MPa,出现在距下表面 9mm 位置,该应力峰值接近焊缝材料的室温屈服强度(543MPa);补焊焊缝区域的拉应力明显高于原始焊缝相同位置的纵向应力值,而补焊焊缝上部区域的纵向应力明显小于原始焊缝相同位置的纵向应力,这是由于补焊的热处理造成上部区域应力减小。图 6-41(b) 结果说明局部补焊造成

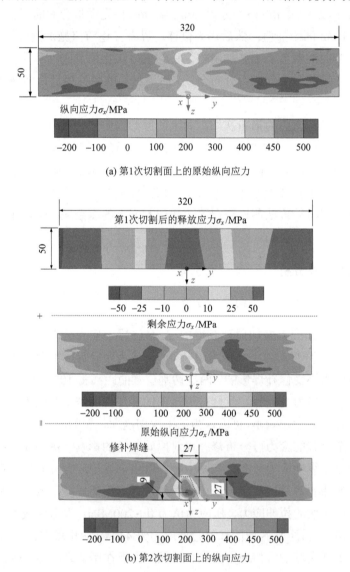

(a) 第1次切割面上的原始纵向应力

(b) 第2次切割面上的纵向应力

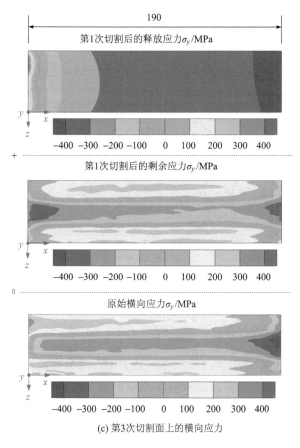

图 6-41　测试的各切割面上的应力分布(单位: mm)

补焊区域的纵向应力升高，而补焊焊缝上部区域的纵向应力降低。图 6-41(c)为焊缝中心位置的横向应力，上下表层区域的横向应力为拉伸应力，内部区域为压缩应力，即焊缝中心的横向应力从上表面至下表面呈现拉应力—压应力—拉应力分布趋势。

　　为分析试样焊态内部应力分布特征，选择第 1 次切割面上焊缝中心位置(L1线)，第 3 次切割面距切割面边缘 10mm(L2 线)，作出沿该 2 条线上的应力分布图，如图 6-42 所示。从图中可以看出，焊缝中心位置(L1 线)的纵向应力为拉伸应力，距下表面 0～30mm 峰值应力为 410MPa 左右，距上表面 0～20mm 峰值应力为 440MPa 左右，且纵向应力大于 400MPa 区域主要集中于距上表面 5～17mm区域。横向应力沿厚度方向(L2 线)呈现拉应力—压应力—拉应力分布趋势；距下表面 0～16mm 区域和距上表面 0～15mm 区域，横向应力都表现为拉伸应力；距下表面 16～35mm 区域，横向应力为压缩应力，且横向压缩应力峰值出现在距下表面 25mm 位置，约 215MPa。

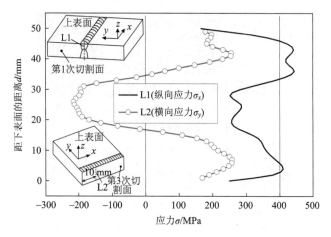

图 6-42　焊缝中心位置的横向和纵向应力沿厚度分布

2. 局部补焊对纵向残余应力的影响

为了进一步分析局部补焊区域的纵向应力沿厚度分布及补焊区域对焊态纵向应力的影响，选择第 1 次切割面和第 2 次切割面上焊缝中心位置线(L1 线和 L3线)，绘制出沿该两条线的纵向应力分布如图 6-43 所示。从图 6-43 中可以看出，补焊深度范围内(距下表面 0~30mm)的峰值纵向应力(约 530MPa，a'点)明显大于原始焊缝的峰值纵向应力(410MPa，a 点)，因此补焊造成的纵向应力峰值增加

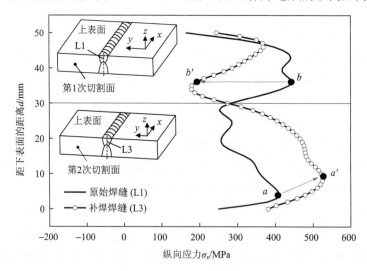

图 6-43　补焊和原始焊缝中心位置的沿厚度纵向应力变化

120MPa(约 30%);补焊焊缝上部区域(距上表面 0~20mm)的原始峰值纵向应力(440MPa,b 点)明显大于补焊焊缝相同位置的应力(180MPa,b'点),因此补焊焊道的多次热循环作用造成其上部分区域的应力峰值点的应力缩减达到 260MPa(相对原始焊缝应力降低达到约 60%)。

3. 第 1 次切割造成的应力释放程度

第 1 次切割后,造成切割面应力释放和重新分布,影响到第 2 次及第 3 次切割面上的应力分布。由轮廓法测试原理,第 1 次切割后释放应力造成的变形轮廓作为边界条件弹性计算得到应力状态是第 1 次切割后的释放应力,可以通过轮廓法第 1 次分析获得第 1 次切割后造成的应力释放程度。将切割面上的变形轮廓作为有限元边界条件获得的应力即可获得切割面上的原始纵向应力(全部释放应力)和其余位置部分释放的横向和纵向应力。选择焊缝中心位置平面(第 3 次切割面 P3),绘制出该面上因为第 1 次切割造成的释放应力如图 6-44 所示。

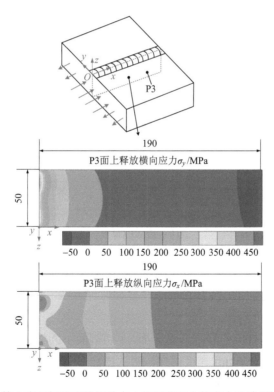

图 6-44 第 1 次切割造成的焊缝中心位置截面上的应力释放(单位:mm)

由图 6-44 可知,$x=0$ 位置即为切割面位置,该位置的横向应力和纵向应力值最大,同时说明试样经切割后在该位置的纵向应力释放最大(纵向应力全部释放),横向应力释放相对较小,而远离切割面的位置区域,释放应力迅速减小,且释放应力沿厚度趋于均匀分布。

选择 P3 面上中等厚度位置应力评价线(L4 线),取出该线上的应力值并绘制出沿该线的释放横向和纵向应力分布见图 6-45。从图 6-45 中可以看出,距切割面距离大于 25mm 的区域($0.5t$,t 为试样厚度)其横向应力释放较少(释放应力小于 50MPa);距切割面距离大于 100mm($2t$)区域的释放纵向应力小于 50MPa,距离大于 150mm($3t$)的纵向应力几乎不受试样切割影响。因此,对于 50mm 厚的试样,可以认为试样经横向切割后(垂直焊缝方面切割),与切割面距离大于 $2t$ 位置的区域其应力状态受切割影响较小;与切割面距离大于 $3t$ 位置的区域其应力状态基本不受切割影响。因此,基于多次平行切割轮廓法测试应力时,与第 1 次切割面距离为 $3t$ 位置的应力测试可不考虑应力叠加。

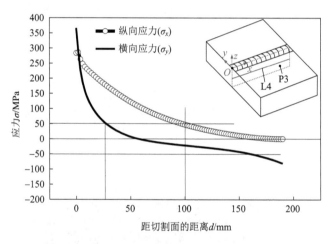

图 6-45　第 1 次切割造成的释放应力沿 L4 线分布

基于补焊试样的应力测试,可以得到以下结论:

(1)将试样多次切割,结合轮廓法和叠加原理方法,可以获得试样不同位置的横向和纵向应力分布全貌。

(2)切割造成试样应力释放和重分布,距切割面不同位置横纵应力的释放程度不同。对于研究的厚 50mm 焊接试样,两次横向平行切割位置的距离大于 3 倍试样厚度时,第 2 次切割面上的纵向应力测试可不考虑第 1 次切割造成的应力释放(不用叠加释放应力)。

(3)补焊造成补焊焊缝内的纵向应力幅值显著增加,峰值应力接近材料的屈服强度，相对原始焊缝峰值纵向应力增加 30%；由于补焊焊缝的热处理作用，其上部区域的纵向应力降低，相对原始焊缝峰值纵向应力其降低幅度达到 60%。

6.6　钛合金线性摩擦焊接残余应力测试

线性摩擦焊接的焊缝窄小，约 2～4mm，其残余应力在窄小的焊缝区域变化剧烈。且焊缝区塑性变形严重，常规测试方法测试线性摩擦焊接的应力难度很大。本节介绍两次切割轮廓法测试钛合金线性摩擦焊接应力分布。

6.6.1　测试试样

测试的钛合金试样材料为 TC17，其尺寸如图 6-46 所示。测试前该试样用铣削加工去掉了飞边（该加工可能会影响到表面应力，如果用慢走丝线切割去掉部分飞边则对原始应力影响不大），测试位置如图 6-46 所示。第 1 次切割获得切割面上 z 方向应力，第 2 次切割获得切割面上 y 方向应力（需要叠加第 1 次切割造成的释放应力）。

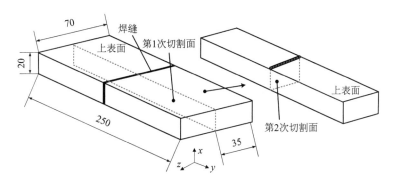

图 6-46　测试试样尺寸和应力测试位置（单位：mm）

6.6.2　轮廓法应力测试过程

1. 切割

采用高精度的慢走丝线切割机 Sodick AQ400Ls 将试样切割成两半。切割时，采用专用垫板和压板将试样夹持在工作台上，并在夹持前将试样和夹具浸入切割机的去离子水槽中以保证两者温度一致，避免温差造成的变形和应力。夹持示意图如图 6-47 所示。

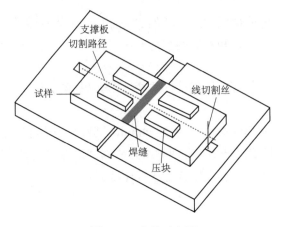

图 6-47　夹持示意图

2. 切割面变形轮廓测试及数据处理

切割完后，切割面的变形轮廓测试采用高精度的三坐标测量机(HEXAGON GLOBAL 三坐标测量机)。切割面的变形轮廓测试照片如图 6-48 所示。

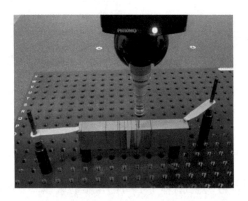

图 6-48　表面轮廓测试照片

焊接应力集中在焊缝区域,切割后应力释放造成的变形主要发生在焊缝区域,因此采用焊缝区域轮廓测试点密集、远离焊缝区域测试点距稀疏的测试方法。本节线性摩擦焊接件的焊缝区域(距离焊缝中心±30mm 区域)x 方向测试点距为 0.5mm, y 方向测试点距为 1mm；远离焊缝区域的 x 方向测试点距为 1mm, y 方向测试点距为 1mm。第 2 次切割后的测试点距 x 方向和 z 方向都为 1mm。测试点距示意图如图 6-49 所示。

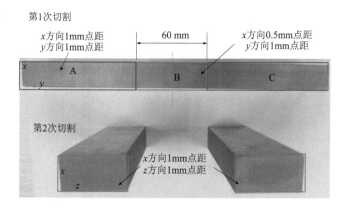

图 6-49　切割面的轮廓测试示意图

切割面的原始轮廓数据如图 6-50 所示。由图 6-50 可见，焊缝中心位置的测试点密集，而远离焊缝区域的测试点稀疏，且两切割面的轮廓形貌略有不同，这是由于切割和测试造成的误差所致。从图 6-50 中也可以看出，焊缝区域的轮廓变化剧烈，而远离焊缝区域的轮廓变化平缓，焊缝区域由于应力释放造成其切割面轮廓呈现下凹形貌。

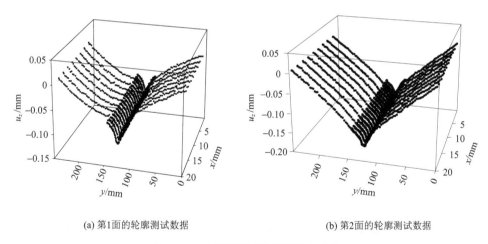

(a) 第1面的轮廓测试数据　　　　　　　　　(b) 第2面的轮廓测试数据

图 6-50　三坐标测试得到的轮廓形貌

为部分消除切割和轮廓测试误差，将两切割面的轮廓进行平均处理，然后进行光滑曲面拟合，拟合结果如图 6-51 所示。选取切割面上中部位置线，将测试轮廓和拟合轮廓进行比较，如图 6-52 所示。从图 6-52 中看出，两部分切割面焊缝区域的轮廓变化幅值存在明显差别；将两者进行平均并拟合后，拟合数据能反映出平均数据的变化趋势和特征。

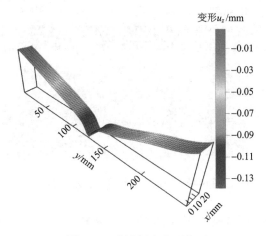

图 6-51　光滑拟合变形曲面

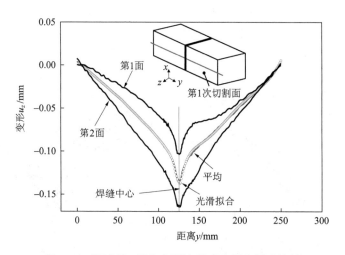

图 6-52　测试第 1 次切割面上轮廓和拟合轮廓比较

　　测得第 2 次切割面的点云数据如图 6-53 所示。剔除奇异数据后，将两部分的测试轮廓平均，并进行曲面光滑拟合后，得到的拟合轮廓如图 6-54 所示。

3. 有限元应力构造

　　以切割后尺寸建立有限元模型，第 1 次切割应力构造模型的切割面单元尺寸为 0.5mm（垂直焊缝方向，y 方向）×1mm（厚度方向，x 方向），第 2 次切割应力构造模型的切割面单元尺寸为 1mm×1mm。计算时采用弹性模量为 112GPa，泊松比为 0.34。将光滑拟合后的切割面变形数据根据有限元模型切割面上的节点坐标插值，并作为边界条件施加到模型中，经过弹性计算后获得应力。加载边界条件后的有限元模型如图 6-55 所示。

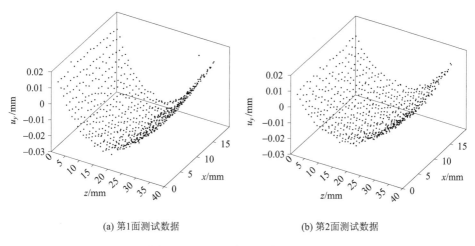

(a) 第1面测试数据　　　　　　(b) 第2面测试数据

图 6-53　测试的变形轮廓点云数据

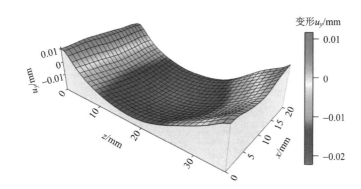

图 6-54　光滑拟合后的切割面轮廓

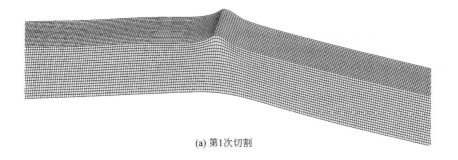

(a) 第1次切割

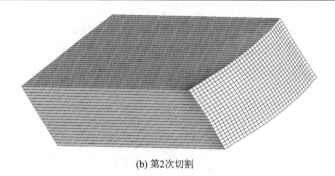

(b) 第2次切割

图 6-55　第 1 次切割加载边界条件的变形有限元模型(变形放大 200 倍)

6.6.3　测试结果及分析

第 1 次切割得到的 z 方向应力结果如图 6-56 所示。从图中可以看出，焊缝区域出现 350MPa 的拉伸应力，焊缝外 z 方向应力迅速降低到压缩应力，焊缝及邻近区域的 z 方向为大梯度变化应力，即在窄小的范围内从高拉伸应力迅速降低到压缩应力。

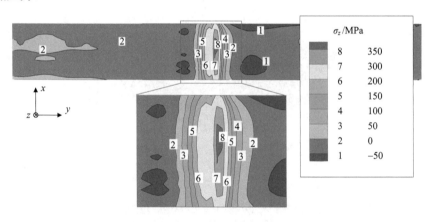

图 6-56　第 1 次切割得到的 z 方向应力分布

绘制出切割面上中等厚度位置的 z 方向应力分布如图 6-57 所示。从图 6-57 可以看出，内部应力在焊缝中心位置为拉应力，在焊缝边缘迅速降低为压应力。焊缝中心位置(y=126mm)的拉应力达到峰值，焊缝右侧距中心 6mm 位置(y=132mm)，应力降为 0MPa，距焊缝 14mm 位置(y=140mm)应力降为−50MPa 左右的压应力，然后逐渐升高为 0MPa(距焊缝中心 39mm 位置)后不再变化；焊缝左侧距中心 8mm 位置(y=118mm)应力降为 0MPa，在距焊缝中心 11mm 位置

（$y=115$mm）应力降为 40MPa 的压应力，然后随距焊缝距离增加，应力增加到 0MPa（距焊缝中心 48mm 位置）后不再变化。图 6-57 结果说明轮廓法能反映线性摩擦焊接这类窄小焊缝的大梯度变化应力。

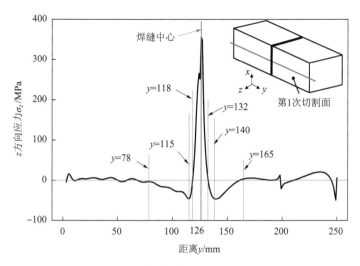

图 6-57　中等厚度位置的应力分布

将第 1 次切割后应力构造的第 2 次切割面上释放的 y 方向应力与第 2 次切割后计算的 y 方向应力（残留的 y 方向应力）进行叠加，最终得到试样第 2 次切割面上原始 y 方向应力，如图 6-58 所示。

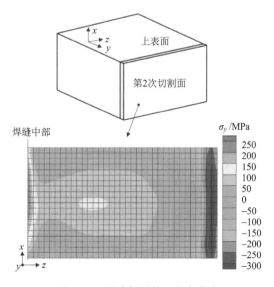

图 6-58　测试得到的 y 方向应力

从图 6-58 中可以看出,焊缝中部的 y 方向应力(垂直焊缝方向应力)为 250MPa 左右的拉应力,而焊缝终端位置(试样边缘)的 y 方向应力为-300MPa 左右的压应力。焊缝中部区域上下表面的拉应力较小,明显小于内部拉应力。

基于轮廓法测试结果,本书作者在文献[17]中进一步分析了该试样焊缝区域沿厚度应力分布特征。

6.7　锆/钛/钢爆炸焊复合板应力测试

6.7.1　测试试样

爆炸焊是一种固态连接方法,利用炸药产生的高速冲击波让复板高速撞击基板,两者界面呈现波纹状,产生剧烈塑性变形和局部高温,通过机械和局部冶金结合形成复合板。爆炸焊接示意图如图 6-59 所示。

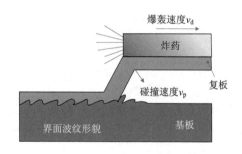

图 6-59　爆炸焊接示意图

爆炸焊常用于生成大型异种金属复合板,如铝/钢、铝/钛/钢复合板。爆炸焊接的界面会产生剧烈塑性变形和局部高温,使界面区域形成残余应力,影响连接质量和构件的服役性能。爆炸焊接构件的界面应力测试比较困难。一方面其界面窄小,应力分布梯度大;一方面由于异种金属材料性能、晶格类型不一致,界面处晶粒塑性变形大,造成衍射法测试困难。轮廓法为测试该类试样的界面应力提供了有效方法。

本节介绍轮廓法测试锆/钛/钢(Zr/Ti/Steel)三种金属爆炸焊复合板的界面应力过程和结果。共测试了两个试样,长 360mm、宽 320mm(爆炸方向)、厚 35mm。所测试的两个试样是从一个大试样中采用火焰切割方式切割出来,然后用线切割切掉火焰切割边。第一个试样(试样 1)进行一次切割,第二个试样(试样 2)进行两次切割。爆炸焊大板由厚 3mm 的 Zr-702 锆、厚 2mm TA1 钛和厚 30mm 的 Q345R 钢爆炸而成。试样的尺寸和切割面示意图如图 6-60 所示。第 1 次切割获得试样内

部 y 方向应力，第 2 次切割获得内部 x 方向（爆炸焊方向）应力。测试相同状态两个试样的 y 方向应力以验证测试结果的可靠性。第一个试样切割时，切割路径表面粘贴一薄钢板（牺牲板，图 6-61）以减少表面切割误差，第二个试样未粘贴牺牲板。进行第 2 次切割面的应力构造时考虑了第 1 次切割造成的应力重分布。

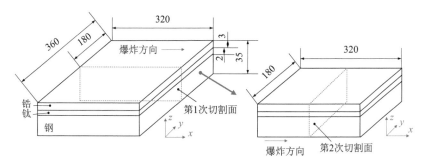

图 6-60　锆/钛/钢复合板试样尺寸和切割面示意图（单位：mm）

图 6-61　粘贴牺牲板试样的切割面变形轮廓测试

6.7.2　轮廓法应力测试过程

（1）试样切割。两试样均采用 Sodick ALN400Qs 慢走丝线切割机切割成两半，切割丝为 0.25mm 的纯铜丝，切割速度约为 0.15mm/min。切割时对试样采用指状方式进行夹持。

（2）切割面的变形测试。采用高精度三坐标测量机（HEXAGON GLOBAL）测试切割面的变形，如图 6-61 所示。宽度方向（y 方向）测试间距为 0.5mm，沿厚度方向（z 方向）测试间距为 0.25mm。第一个试样的牺牲板变形不进行测试。

（3）变形轮廓数据处理。对两切割面的变形测试结果进行处理，删除奇异点并将两面的测试数据进行平均，然后采用三次样条曲面函数对平均后数据进行光滑拟合。

　　两切割面的变形轮廓需要进行平均以消除测试误差，然后对平均后的变形轮廓进行光滑拟合，试样 2 两次切割光滑拟合后的切割面轮廓如图 6-62 所示。

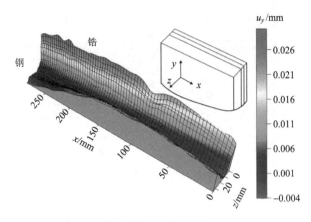

(a) 第1次切割面光滑拟合变形

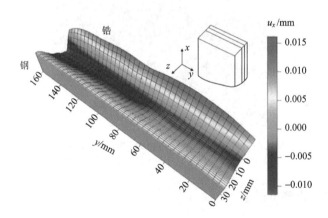

(b) 第2次切割面光滑拟合变形

图 6-62　试样 2 两次切割的光滑拟合变形轮廓

　　(4) 有限元应力构造。应力构造时，以切割后试样尺寸建立有限元模型，将光滑拟合后的切割面变形数据作为位移边界条件施加到模型中，进行弹性有限元计算，最终获得切割面上原始应力分布。锆/钛/钢爆炸焊接后，锆层和钛层的厚度有所变化，且钛层沿爆炸方向为锯齿状，建模时仅考虑锆层和钛层的厚度均匀。

计算时的材料参数为：锆材料的弹性模量为 97GPa，泊松比为 0.34；钛材料的弹性模量为 108GPa，泊松比为 0.34；钢材料的弹性模量为 200GPa，泊松比为 0.33。建立的有限元模型如图 6-63 所示。

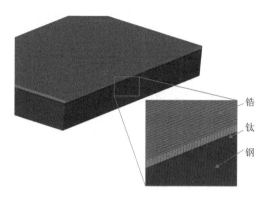

图 6-63　有限元模型

6.7.3　测试结果及分析

两个试样测试的 y 方向应力分布如图 6-64(a) 所示，叠加第 1 次切割造成的释放应力后的第二个试样 x 方向应力分布如图 6-64(b) 所示。由图 6-64(a) 可以看出，测试的两个试样 y 方向应力(垂直爆炸焊接方向应力)分布趋势一致，锆层和钛层为压缩应力，分布在–200～–100MPa 之间；钢层靠近钛侧为 0～130MPa 拉伸应力，拉应力峰值出现在钛/钢界面附近，远离钛侧出现–100～0MPa 的压缩应力。两个试样的 y 方向应力测试结果接近，验证了测试结果的可靠性。也说明轮廓法能测试爆炸焊复合板的内部应力，且能反映出复合层的应力梯度。试样 1 粘贴了牺牲层以降低切割造成的误差，但钢侧局部牺牲层粘贴不牢，造成更大的切割误差(见图 6-64(a) 中的 A 区域)，因此试样 2 进行轮廓法测试时没有粘贴牺牲层。

由图 6-64(b) 可以看出，试样 2 的 x 方向应力(爆炸焊接方向应力)与图 6-64(a) 中的 x 方向应力分布基本一致：锆和钛层的 x 方向应力为压缩应力，分布在–100～–200MPa 之间；钢层中近钛侧为 0～180MPa 拉伸应力，远离钛侧出现压缩应力(–100～0MPa)。图 6-64 结果说明，锆/钛/钢爆炸焊复合板的内部应力沿两个方向分布基本一致。

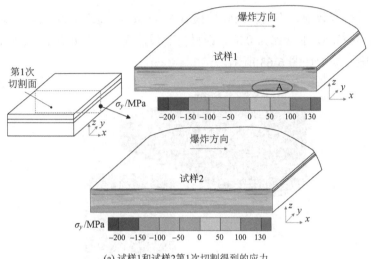

(a) 试样1和试样2第1次切割得到的应力

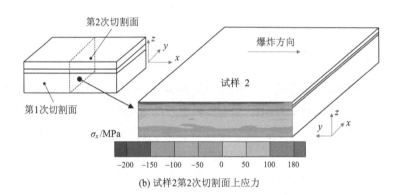

(b) 试样2第2次切割面上应力

图 6-64　测试的两个方向内部应力

　　选择两个试样切割面上中等长度位置线以及距离该线 50mm 位置线(如图 6-65 所示的第 1 次切割面上 L1 和 L2 线，第 2 次切割面上的 L3 和 L4 线)，绘制出试样 1 和试样 2 沿 L1 和 L2 线的 y 方向应力分布如图 6-66(a)所示,试样 2 上沿 L1、L2、L3 和 L4 线的应力变化如图 6-66(b)所示。

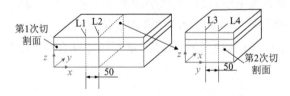

图 6-65　应力评价线示意图(单位：mm)

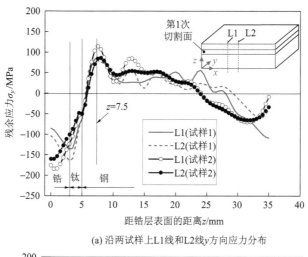

(a) 沿两试样上L1线和L2线y方向应力分布

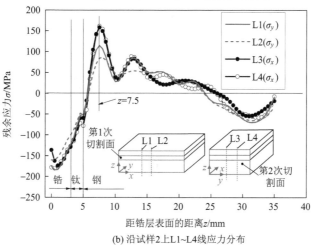

(b) 沿试样2上L1~L4线应力分布

图 6-66　沿应力评价线的应力分布

　　由于线切割时表面放电和内部不一致，且变形轮廓测试边缘部分无法准确测试，故轮廓法表面误差较大（可以采用粘贴牺牲层和本征应变修正方法，见第 4 章）。由图 6-66(a) 可以看出，除锆层表面 2mm 深度和钢层表面两个试样测试的 y 方向应力分布差异较大，其余区域两试样的 y 方向应力分布趋势基本一致，且相同试样不同位置的 y 方向应力分布也基本一致，说明爆炸焊焊接造成各位置应力沿厚度分布基本一致。

　　由图 6-66(b) 可以看出，试样 2 的 x 方向应力（第 2 次切割面上的 L3 和 L4 线）和 y 方向应力（第 1 次切割面上的 L1 和 L2 线）分布趋势基本一致，锆层和钛层为压缩应力，邻近的钢层为拉伸应力与压缩应力平衡，且峰值拉应力出现在距离钛/钢界面 2.5mm 距离的钢侧，为 $130 \sim 150$MPa。图 6-66 结果说明，爆炸焊造成各方向应力(沿焊接方向 x 和垂直爆炸焊方向 y 的应力)分布基本一致，并且各位置应力沿厚度分布也基本一致。

　　以上测试结果表明，轮廓法可以获得多层金属爆炸焊复合板内部多个方向的应力分布全貌，能反映异种金属爆炸焊接界面上的应力变化梯度。

6.8　锆/钛/钢爆炸焊复合板加盖板焊接残余应力测试

6.8.1　测试试样

　　本节介绍轮廓法测试锆/钛/钢爆炸焊复合板、复合板搭接焊的应力分布。爆炸焊复合板的连接一般采用盖板搭接焊形式，如图 6-67 所示。首先将锆复层和钛复层加工掉，并在钢基板上加工坡口(图 6-67(a))，然后采用钢焊材焊接钢板

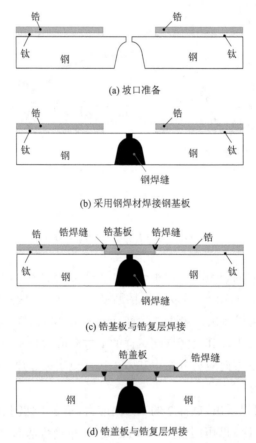

(a) 坡口准备

(b) 采用钢焊材焊接钢基板

(c) 锆基板与锆复层焊接

(d) 锆盖板与锆复层焊接

图 6-67　锆/钛/钢爆炸焊复合板的焊接过程

（图 6-67(b)）；第 3 步在钢焊缝上用锆基板与锆复层焊接（图 6-67(c)）；最后采用锆盖板和锆复层焊接（图 6-67(d)），最终实现异种金属爆炸焊复合板的连接。

为研究锆/钛/钢爆炸焊复合板、盖板-复合板焊接应力及其对复合板界面应力的影响，制造了锆/钛/钢爆炸焊复合板实验板、锆盖板-复合板氩弧焊接（TIG 焊接）模拟试样，利用轮廓法测试了该两个试样的内部应力分布，研究了锆/钛/钢爆炸焊复合板界面应力以及锆盖板氩弧焊接对复合板界面应力的影响，分析了不同下料方法（水刀切割和火焰切割）对复合板界面应力的影响。

从锆/钛/钢爆炸焊复合板（Zr/Ti/Steel）中切割尺寸为 400mm×144mm×21mm 的两块小试样，复合板的纯锆覆层厚度为 3mm（Zr-702），钛中间层厚 2mm（牌号为 TA1），钢基层为 Q345R 钢，厚度为 16mm。两个试样的尺寸和焊接示意图如图 6-68 所示。盖板和复合板氩弧焊焊接时（2#试样），先将盖板以 80mm 间隔进行点固，两侧焊缝分别进行 2 道焊接，焊接时以 99.999% 的氩气作为保护气体，气体流量为 15～20L/min，氩弧焊焊缝的焊脚尺寸为 5mm，爆炸焊复合板氩弧焊焊接接头形貌如图 6-69 所示。

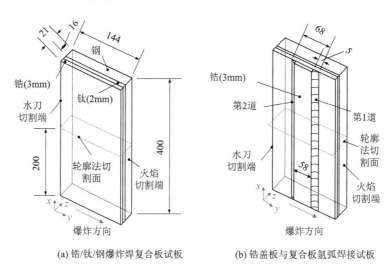

(a) 锆/钛/钢爆炸焊复合板试板　　　　(b) 锆盖板与复合板氩弧焊接试板

图 6-68　试样尺寸示意图（单位：mm）

6.8.2　轮廓法应力测试过程

（1）试样切割。采用 Sodick ALN400Qs 慢走丝线切割机切割试样，切割丝为 0.25mm 的铜丝，切割速度约为 0.15mm/min。切割时试样处于刚性夹持状态。

（2）切割面的变形测试。采用高精度三坐标测量机（HEXAGON GLOBAL）测试切割面的变形。宽度方向（y 方向）测试间距为 0.5mm，沿厚度（z 方向）测试间距为 0.25mm。切割面变形的三坐标测试照片见图 6-70。将两切割面的变形测试结果（图 6-71）进行处理，删除误差点并将两面的变形数据进行平均，然后采用三次样条函数对平均后数据进行光滑拟合。

图 6-69　爆炸焊复合板氩弧焊焊接接头形貌

(a) 锆/钛/钢爆炸焊复合板试样　　　　　　(b) 锆盖板与复合板焊接试样

图 6-70　切割面变形轮廓法测试照片

　　两试样切割面的光滑拟合后变形轮廓如图 6-72 所示。测试时发现盖板的整体变形明显小于复合板切割面变形，说明焊接对盖板应力影响较小。重点关注盖板-复合板界面应力以及复合板上锆/钛/钢三者的界面应力，因此忽略盖板的切割面变形和应力。从图 6-72 中可以看出，复合板中部区域的变形较均匀，变化平缓；两端由于切割造成的应力较大，因此相对中部变形变化大，特别是火焰切割端的变形变化剧烈。盖板-复合板的切割面在焊接位置出现了"凹陷"变形，这是 TIG 焊接应力释放造成的，除焊接区域的变形变化较大外，其余区域变形趋势接近。

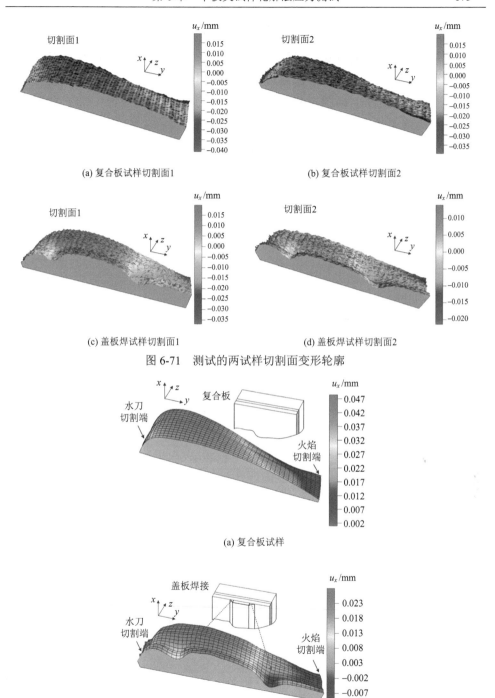

(a) 复合板试样切割面1

(b) 复合板试样切割面2

(c) 盖板焊试样切割面1

(d) 盖板焊试样切割面2

图 6-71　测试的两试样切割面变形轮廓

(a) 复合板试样

(b) 盖板焊试样

图 6-72　经过平均及光滑拟合后的切割面变形轮廓

(3)应力构造。以切割后的试样尺寸建立有限元模型，将光滑拟合后的切割面变形数据作为边界条件加载在模型的切割面上，并施加额外边界条件以保证模型无刚性移动，最终通过弹性有限元计算获得切割面上的应力分布。获得的应力为切割面法向方向应力，即图 6-68 中的 x 方向应力(焊接纵向应力)。复合板爆炸焊接的钛层为锯齿状，应力构造的有限元模型按照钛层的名义厚度建模。锆层的弹性模量为 97GPa，泊松比为 0.34；钛层的弹性模量为 108GPa，泊松比为 0.34；钢层的弹性模量为 200GPa，泊松比为 0.33。因为界面上的应力是最关注的应力，并且盖板的变形测试困难，故有限元建模时只针对复合板建立模型，所建立的有限元模型与图 6-63 相似。

6.8.3　测试结果及分析

两个试样的测试结果如图 6-73 所示。线切割切入和切出试样时由于切割参数的变化会引起局部附加变形，因此切割面轮廓测试时舍弃了切入和切出端部分数据(距端面 7mm)，故构造的切割面应力分布仅仅为 130mm 宽。

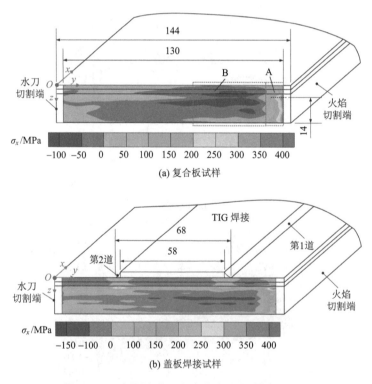

图 6-73　切割面上的 x 方向应力分布(单位：mm)

从图 6-73 中可以看出，尽管舍弃了切割端面 7mm 数据，两个试样的火焰切割端仍然出现了较大的拉伸应力，峰值拉应力达到 350～400MPa，与复合板所用 Q345R 钢的屈服强度(约 378MPa)相当；火焰切割端锆层和钛层的 x 方向拉应力也较大，达到 100～150MPa；并且火焰切割造成的拉应力影响宽度较大(图 6-73(a)中 A 区域)；水刀切割对切割区域的应力影响较小。从图 6-73(a)中可以看出，由于复合板的宽度较小，爆炸焊接本身应力得到释放，复合板内部各界面应力分布在–50～100MPa 之间。此外，由于火焰切割端存在较大拉应力，其邻近区域出现了–50MPa 左右压缩应力区域与火焰切割拉伸应力平衡(图 6-73(a)中的 B 区域)。

从图 6-73(b)中可以发现，盖板和复合板焊接的焊缝位置出现了较大的拉伸应力，且峰值拉伸应力出现在钛/钢界面附近，达到约 350MPa，接近 Q345R 钢的屈服强度(378MPa)，达到钛(TA1)的抗拉强度(374MPa)。该复合板的爆炸焊接应力基本释放，在盖板焊接热作用下，钛/钢两种材料由于线膨胀系数不同(Zr-Ti 的热膨胀系数基本一致，Ti 为 $8.2\times10^{-6}\sim10.5\times10^{-6}K^{-1}$，Zr 为 $9.7\times10^{-6}K^{-1}$，而钢的热膨胀系数为 $11.7\times10^{-6}\sim14\times10^{-6}K^{-1}$)，TIG 焊接使得钛/钢界面产生不协调的变形而生成较大的应力。

选择两个试样上 7 条线(图 6-74)，画出沿该 7 条线上 x 方向应力，分析盖板焊接对复合板界面应力的影响。L1～L3 线为盖板–复合板界面(锆表面)、锆/钛界面和钛/钢界面线；L4 为距钢侧 14mm 位置线，该位置为火焰切割在钢侧造成的最大应力位置(图 6-73(a))。图 6-75 和图 6-76 分别为沿 L1～L4 线的应力分布和沿 L5～L7 线的应力分布。

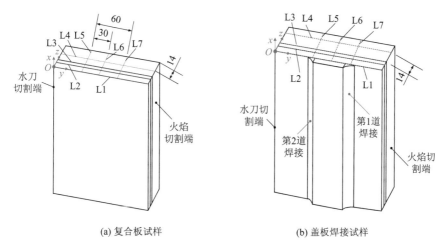

(a) 复合板试样　　　　　　　　　　(b) 盖板焊接试样

图 6-74　应力评价线示意图(单位：mm)

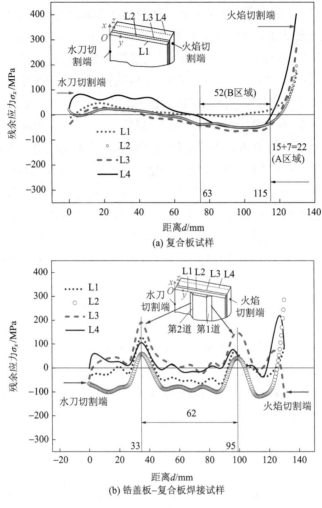

(a) 复合板试样

(b) 锆盖板–复合板焊接试样

图 6-75 沿 L1～L4 线的应力分布

从图 6-75 可以看出，两个试样火焰切割端都出现了高拉伸应力，其中 L4 线上火焰切割端的拉伸应力大于其他位置，且火焰切割造成钢层的拉伸应力大于锆层和钛层。距离火焰切割端约 20mm 外的区域复合板上各条线应力幅值低于80MPa，即各材料界面应力幅值较低；盖板和复合板焊接后（图 6-75(b)），造成焊缝区域出现较大拉伸应力，并且钛/钢界面的拉伸应力明显大于其他界面应力；第2道焊缝的峰值应力达到约 200MPa，第1道焊缝的峰值应力达到约 150MPa。从图 6-75(b) 中可以看出，盖板–复合板两条焊缝之间区域的应力与复合板上相同区域（无焊接）的应力相比变化幅度不大，说明 60mm 宽盖板两侧焊缝的焊接应力相互影响不明显。

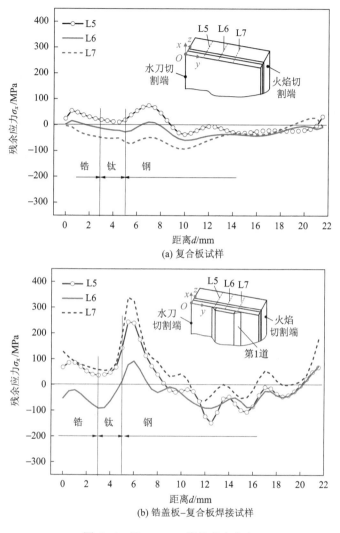

(a) 复合板试样

(b) 锆盖板–复合板焊接试样

图 6-76　沿 L5～L7 线的应力分布

从图 6-76 可以看出，未焊接复合板沿厚度应力变化平缓，分布在–100～
100MPa 之间；盖板和复合板经过焊接后，沿 L7 线（第 1 道焊缝位置）和 L5 线（第
2 道焊缝位置）钛/钢界面靠近钢侧 0.5mm 位置出现大约 350MPa 和 250MPa 的拉
应力；沿 L6 线（两焊缝中间位置）的应力峰值也出现在钛/钢界面附近的钢侧，但
幅值较小（约 90MPa），说明两焊缝所形成应力的相互影响作用较小。

试样一端采用火焰切割，一端采用水刀切割。该试样的宽度较窄，爆炸焊接本身应力部分释放，因此无盖板焊接复合板的应力状态可以用来研究切割方式造成的应力分布。

从图 6-75(a)可以发现，火焰切割端的拉伸应力明显高于其他位置，且钢层的峰值拉伸应力达到了 400MPa。考虑到舍弃的端部 7mm 数据，火焰切割端的拉应力影响宽度达到 22mm，即图 6-73(a)的 A 区域宽度达到 22mm；邻近火焰切割端出现约 52mm 宽度的压缩应力区(峰值约为–50MPa)，与火焰切割端的拉应力平衡(即图 6-73(a)的 B 区域宽度约为 52mm)。从图 6-75(a)还可以看出，水刀切割端也出现拉应力，但幅值较小，约为 50～80MPa。从图 6-76(b)可以发现，靠近火焰切割端的 L7 线上应力整体小于远离火焰切割端 L5 线的应力，这是由于 L7线处于图 6-73(a)的 B 区域，受火焰切割形成的压缩平衡应力影响。

6.9　磁脉冲焊接残余应力测试

6.9.1　测试试样

磁脉冲焊接是一种基于电磁脉冲成形的室温、固相、高速率连接技术，依靠电磁力使两种待焊接材料之间高速撞击(飞板撞击目标板)而产生机械和冶金连接，其原理如图 6-77 所示。磁脉冲焊接过程不用借助于外部热量，并且连接过程瞬间完成，可很大程度上限制金属间化合物的产生，特别适用于异种金属材料的固相连接。

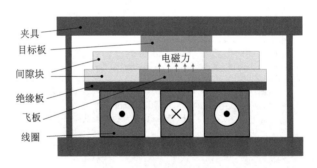

图 6-77　磁脉冲焊接试样图

本节介绍铝铜磁脉冲焊接搭接试样的轮廓法应力测试。测试试样为 2024 铝合金/纯铜电磁脉冲焊接试样，2024 铝合金进行 190℃保温 12h 软化处理后作为复板，T2 紫铜为基板，规格尺寸为 100mm×29mm×2mm，搭接长度为 30mm。图 6-78为试样尺寸示意图和铝/铜接头连接横截面。

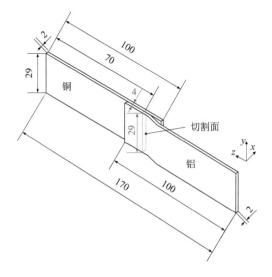

(a) 铝/铜磁脉冲焊接试样尺寸

(b) 接头横截面

图 6-78 测试试样的尺寸和接头横截面(单位：mm)

6.9.2 轮廓法应力测试过程

(1)将试样切割成两半。测试试样的切割面位置如图 6-78(a)所示。切割采用 Sodick ALN400Qs 慢走丝线切割机，切割丝为 0.25mm 的铜丝，切割速度约为 0.15mm/min。切割时试样处于刚性夹持状态。切割后的截面照片如图 6-78(b)所示。

(2)切割面的变形测试。采用海克斯康(HEXAGON GLOBAL)三坐标测量机测试切割面的变形，宽度方向(y 方向)测试间距为 0.2mm，厚度方向(x 方向)测试间距为 0.1mm。三坐标测试照片见图 6-79。删除测试变形数据的误差点并将两面的数据进行平均，然后采用三次样条函数对平均后数据进行光滑拟合。

图 6-79　磁脉冲焊接试样的切割面变形测试

(3)应力构造。建立切割后试样的有限元模型,将光滑拟合后的切割面变形数据作为边界条件加载在模型的切割面上,施加额外边界条件以保证模型无刚性移动,最终通过弹性有限元计算获得切割面上的应力分布。获得的应力为切割面法向方向的应力,即图 6-78(a)中的 z 方向应力(焊接纵向应力)。2024 铝合金的弹性模量为 72GPa,泊松比为 0.33;纯铜的弹性模量为 125GPa,泊松比为 0.35。

6.9.3　测试结果及分析

线切割切入和切出试样时由于切割参数变化会引起局部附加变形,因此切割面变形轮廓测试时舍弃了切入和切出端部分数据,故构造的切割面应力分布仅仅为宽 25mm、厚 3.6mm。测试的纵向应力分布如图 6-80 所示。

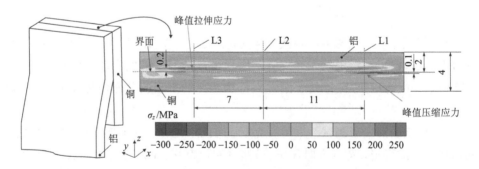

图 6-80　测试的 z 方向应力分布(单位:mm)

图 6-80 中的虚线所示为铝/铜的界面位置。从图中可以看出,尽管该试样尺寸较小,厚度较薄,但磁脉冲焊接仍出现较大幅值的拉应力及压缩应力。铝合金侧的应力主要为拉应力,应力峰值出现在铝/铜的界面附近,峰值应力达到 250MPa

以上(2024 铝合金的屈服强度为 224MPa)；Cu 侧的应力主要为压缩应力，峰值压缩应力出现在界面位置，达到-300MPa 左右(左下角的大幅值压缩应力是切割和测试误差造成的)。焊接时，铝合金板撞击铜板，铜板受冲击压缩力，产生较大幅度的塑性变形，从而形成压缩应力；焊接过程局部生热，两者的膨胀系数不同造成应力界面附近较大应力。2024 铝合金的热膨胀系数为 $24.7×10^{-6}K^{-1}$ $(20\sim300℃)$，T2 纯铜的热膨胀系数为 $17.64×10^{-6}K^{-1}$ $(20\sim300℃)$。纯铜的熔点为 1085℃，2024 铝合金熔点为 750℃ 左右；2024 铝合金在 400℃ 的热导率为 180 W/(m·K)，纯铜在 324℃ 的热导率为 352W/(m·K)，667℃时为 339W/(m·K)，即铜的热导率远大于铝合金的。两者的热膨胀系数和热导率不同，造成产生的应力大小和幅值不同。

选择切割面上三条线(图 6-80 中所示右侧最大拉应力位置 L1 线，最大压缩应力位置 L3 线和中等宽度位置 L2 线)，绘制出沿该 3 条线上 z 方向应力，如图 6-81 所示。

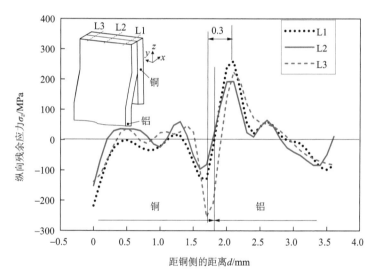

图 6-81　不同位置 z 方向应力沿厚度分布

从图 6-81 可以看出，2024 铝合金侧大部分区域的应力为拉伸应力，拉伸应力峰值达到 260MPa，出现在铝合金侧距界面 0.2mm 深度，且各条线的拉应力峰值大小及出现位置基本一致，即铝合金侧应力沿宽度方向(y 方向)变化不显著；铜侧压应力峰值达到-254MPa，出现在 L3 线铝/铜界面附近(距界面 0.1mm 深度)，并且铜侧各条线上的应力峰值不一致，说明铜侧(受冲击侧)的应力分布沿宽度变化较大。铝/铜界面附近出现较大应力梯度,在 0.3mm 厚度范围内,应力从 260MPa 拉应力(铝侧)变化为–250MPa 的压缩应力。远离界面区域的应力幅值较小,呈现波动变化(冲击造成的应力波)。

由以上分析可知:①磁脉冲焊接 2024 铝合金/铜异种金属,接头 z 方向应力(沿长度方向应力)在铜侧(被撞击板)为压缩应力,峰值压缩应力达到铜材料屈服强度的 75%,铝侧界面附近出现峰值拉伸应力(峰值拉伸应力达到铝合金室温屈服强度的 80%左右);②磁脉冲焊接 2024 铝合金/铜异种金属接头界面附近的应力幅值大,远离界面幅值小,且随界面距离增加呈现波动变化;界面附近的应力变化梯度大,在 0.3mm 厚度范围内,从铝侧高幅值拉伸应力变化为铜侧的高幅值压缩应力;③轮廓法能反映磁脉冲焊接这类窄小焊缝且应力变化剧烈的界面应力。

本书作者在文献[18]中通过界面形貌和界面的成分变化分析了磁脉冲焊接应力的形成机制,说明了轮廓法测试结果的可靠性。

6.10　激光选区熔化增材制造钛合金板残余应力测试

增材制造是将材料逐层堆积成三维物体的一种工艺。该工艺对于快速原型制造复杂几何形状的构件非常便捷,适合于小批量复杂形状零件的生产。金属增材制造时伴随金属熔化凝固过程的高温度梯度、高冷却率和高凝固速率,制造构件存在大晶粒、不均匀微观组织、高残余应力、微空洞甚至裂纹等不足。残余应力,特别是高幅值拉伸残余应力对增材制造构件的整体变形和尺寸稳定性、疲劳性能和断裂韧度具有不利的影响。了解构件中残余应力分布是调控应力从而改善构件服役性能的关键。获得增材制造构件的内部残余应力信息对优化制造工艺、结构设计、热处理及应力消除非常重要。本节介绍采用轮廓法测试激光选区熔化(selective laser melting, SLM)增材制造的不同厚度板状类试样的内部应力,分析试样厚度对增材制造应力的影响。

6.10.1　测试试样

激光选区熔化增材制造厚 22mm 和厚 10mm 钛合金板状试样,其尺寸如图 6-82 所示。厚 10mm 试样中有两个直径为 8mm 通孔,进一步加工后可以进行力学性能测试。试样采用粒径约 30μm 的 Ti6Al4V 钛合金粉末制备,所用设备为型号 EOS-M280 的商用激光选区熔化增材制造机。试样制备参数为:激光功率为 260~300W,扫描速度为 1000~1400mm/s,扫描间距 0.14mm,当前层扫描方向与前一层扫描方向相差 67°。

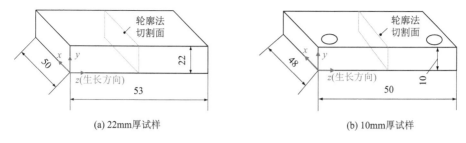

(a) 22mm厚试样　　　　　　　　　　　(b) 10mm厚试样

图 6-82　测试试样尺寸和切割面位置(单位：mm)

6.10.2　轮廓法应力测试过程

两试样经过切割、切割面变形测试及数据处理、应力构造三大步骤，最终获得切割面上的 z 方向应力分布。厚 22mm 试样切割夹持照片如图 6-83 所示。试样切割在 Seibu M50B 慢走丝线切割机上进行，切割丝为直径 0.25mm 的铜丝，切割速度约为 0.25mm/min。试样切割后，其切割面的变形轮廓扫描在蔡司三坐标测量机(ZEISS PRISMO)上进行(扫描测试精度约为 1.2μm)。厚 22mm 试样切割面变形轮廓和应力构造计算模型如图 6-84 所示。应力构造有限元模型的切割面单元尺寸为 0.5mm，材料弹性模量为 105GPa，泊松比为 0.34。

图 6-83　试样夹持

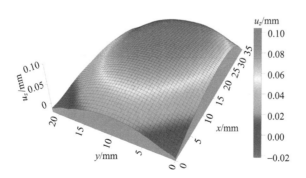

(a) 厚22mm试样的切割面变形

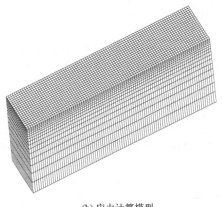

(b) 应力计算模型

图 6-84　拟合后的变形轮廓和应力构造模型

6.10.3　测试结果及分析

　　测试得到的板状试样 z 方向应力（生长方向）分布如图 6-85 所示。从图 6-85 可以看出，厚 22mm 板状试样的内部 z 方向应力为压缩应力，压缩应力峰值达到 –400MPa 左右，表层应力为拉伸应力。厚 10mm 板状试样应力分布趋势与厚 22mm 板状试样基本一致，内部压缩应力峰值有所降低，为–300MPa 左右。两试样的边缘部分出现较大幅值的拉伸应力，这是由于轮廓法的边缘测试误差造成的。本节测试的 SLM 钛合金板状试样的应力分布与 Ahmad 等[19]采用轮廓法和数值模拟方法得到的镍基合金及钛合金块状试样的应力分布趋势一致。厚 10mm 板状试样存在两个直径 8mm 孔，孔边缘距离切割面大于板厚（10mm）。根据圣维南原理，该孔对切割面应力的影响较小，可以认为切割面上的残余应力等效于无孔试样该位置的残余应力。

　　选择切割面上中等宽度位置和中等厚度位置的两条线（图 6-85(a) 中 L1 线和 L2 线），绘制出沿该两条线上的 z 方向应力分布如图 6-86 所示。从图 6-86(a) 可以看出，两试样沿厚度的应力（L1 线应力）分布趋势基本一致，上下表层为拉伸应力，内部为压缩应力；厚 22mm 试样的内部压缩应力分布区域尺寸为 15.5mm，压缩应力峰值约为–440MPa，厚 10mm 试样的内部压缩应力分布区域尺寸为 9mm，压缩应力峰值为–240MPa，约为 22mm 厚试样峰值压缩应力的一半。说明试样厚度减薄后，厚度上的压缩应力分布尺寸和峰值都降低。

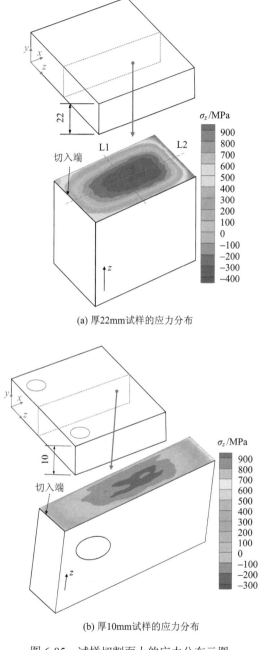

(a) 厚22mm试样的应力分布

(b) 厚10mm试样的应力分布

图 6-85　试样切割面上的应力分布云图

L2 线上的应力为沿试样宽度变化应力，由图 6-86(b) 可以看出，两试样沿宽度的应力分布趋势基本一致，压缩应力分布宽度基本没有改变，厚 10mm 试样的压缩应力峰值（约–220MPa）约为厚 22mm 试样的压缩应力峰值的一半（约–420MPa），说明宽度变化不大情况下，SLM 增材制造板状试样的厚度对内部压缩应力的分布宽度没有影响，仅造成试样压缩应力幅值变化。

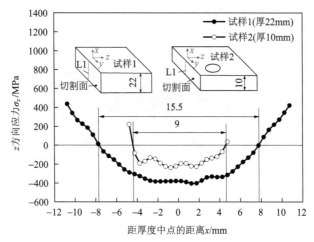

(a) 板状试样切割面上中等宽度位置沿厚度变化的应力(沿L1线应力分布)

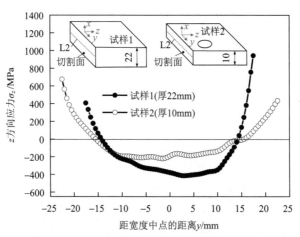

(b) 板状试样切割面上中等厚度位置沿宽度变化应力(沿L2线应力分布)

图 6-86　板状试样切割面上沿 L1 线和 L2 线的应力分布

6.11　异种金属焊接接头经超声冲击处理后的残余应力测试

6.11.1　测试试样

测试试样为 SA508-3 合金钢与 316L 不锈钢异种金属焊接试样，焊材为镍基合金焊材(ERNiCrFe-7)。试样焊接前,先在 SA508-3 合金钢板坡口上堆焊镍基合金层,并对堆焊层进行打磨,然后采用镍基合金焊材填充异种金属坡口,焊缝示意图如图 6-87 所示。该试样上下表面局部进行了超声冲击处理(ultrasonic impact treatment, UIT),处理位置示意如图 6-88 所示。

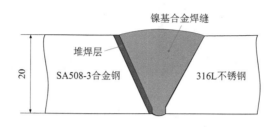

图 6-87　异种金属焊缝示意图

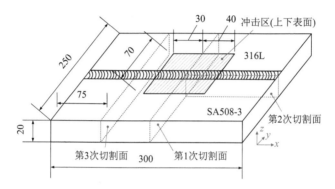

图 6-88　异种金属焊接试样超声冲击处理区域和切割面位置示意图(单位:mm)

6.11.2　轮廓法应力测试过程

通过三次切割轮廓法测试该试样,切割位置的示意图如图 6-88 所示。第 1 次切割主要获得焊缝区域经过超声冲击后的纵向应力(x 方向应力)分布,第 2 次切割后获得焊缝中心位置的横向应力分布(y 方向应力),该位置切割可以获得焊态和冲击处理态的焊缝中心位置横向应力;第 3 次切割获得焊态的纵向应力分布,该切割面距离边缘较近,与焊缝中等长度位置的纵向应力有所变化,但能反映纵向应力的分布趋势。因此,三次切割轮廓法可在一个试样上获得焊态横向及纵向应力、超声冲击处理态纵向和横向应力分布。切割完成后采用三坐标测量机测试切割面的变形轮廓,测试点间距为 0.5mm×0.5mm。切割和轮廓测试的照片如图 6-89 所示。

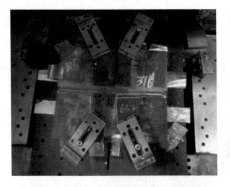 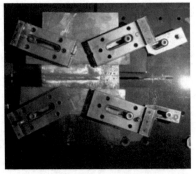

(a)第 1 次切割夹持　　　　　　　　　　　　(b)第 2 次切割夹持

 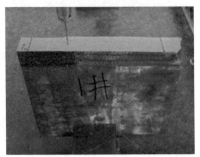

(c)第 1 次切割面轮廓测试　　　　　　　　　(d)第 2 次切割面轮廓测试

图 6-89　异种金属板切割和轮廓测试照片

　　该试样的母材和焊缝材料的力学性能不一致，见表 6-1。轮廓法应力构造时要根据焊缝形貌设置相关材料性能，如图 6-90 所示。测试的各切割面应力分布如图 6-91 所示。

表 6-1　各材料所用的弹性模量和泊松比

材料	弹性模量/GPa	泊松比
SA508-3	212	0.29
316L	196	0.29
焊材(ERNiCrFe-7)	214	0.31

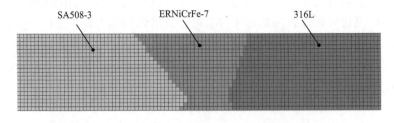

图 6-90　有限元模型中的焊缝形貌(不同材料力学性能)

6.11.3　测试结果及分析

　　该异种金属焊接试样经过三次切割轮廓法测试结果如图 6-91 所示。从图 6-91 可以看出，焊缝区域的焊态应力(图 6-91 (b) 横向应力和图 6-91 (c) 的纵向应力) 为拉伸应力；经过超声冲击处理后，焊缝处理区域的表层纵向应力(图 6-91 (a)) 和横向应力(图 6-91 (b)) 都呈现压缩应力，压缩应力深度约为 2mm，压缩应力峰值达到–400～–300MPa。试样冲击区域包含异种金属接头的焊缝和母材，说明超声冲击处理对镍基合金焊材、低合金钢和不锈钢材料都有显著的降低表面焊接应力效果。

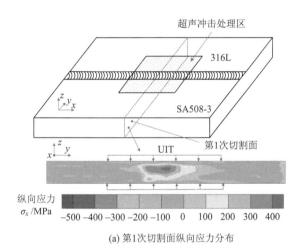

(a) 第1次切割面纵向应力分布

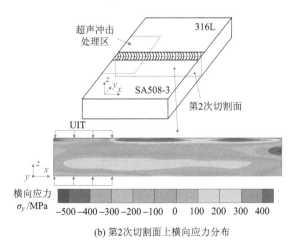

(b) 第2次切割面上横向应力分布

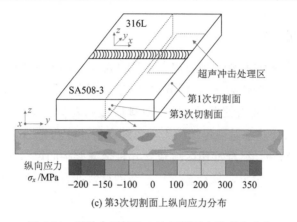

(c) 第3次切割面上纵向应力分布

图 6-91　异种金属接头 3 次切割面上的应力分布

选择第1次切割面(超声冲击态)和第3次切割面(焊态)上中等厚度位置线(距上表面 10mm 位置线，L1 线)、距上表面 3mm 位置线(L2 线)、焊缝中心位置线比较分析超声冲击处理对纵向应力的影响，见图 6-92。从图 6-92 可以看出，焊缝区域的纵向应力为高拉伸应力，远离焊缝区域出现压缩应力与拉伸应力平衡。超声冲击态(图 6-92(a)，第 1 次切割面)和焊态(图 6-92(b)，第 3 次切割面)的内部纵向应力分布趋势接近，可以说明超声冲击处理对表层应力起作用，对内部应力影响不显著。由图 6-92(c)可以看出，第 1 次切割面和第 3 次切割面焊缝中心位置的内部纵向应力(距表面距离大于 3mm 的内部区域)分布趋势基本一致，超声冲击处理造成表层 3mm 深度的纵向应力为压缩应力，且上下表面的压缩应力幅值分别达到–300MPa 和–400MPa。

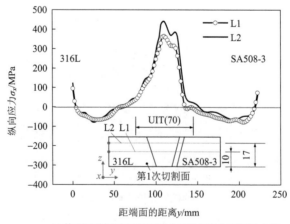

(a) 第1次切割面上L1和L2线上的纵向应力(超声冲击态)

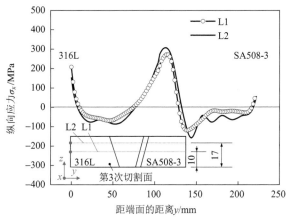

(b) 第3次切割面上L1和L2线上的纵向应力(焊态)

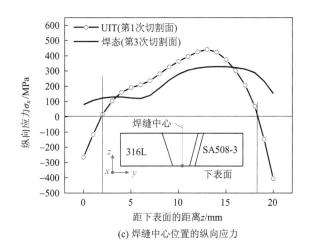

(c) 焊缝中心位置的纵向应力

图 6-92　第 1 次和第 3 次切割面上纵向应力比较

　　选择第 2 次切割面上超声冲击区域 L3 线和焊态区域 L4 线，比较该两条线上的沿厚度横向应力分布特征，如图 6-93 所示。从图中可以看出，超声冲击处理区域的焊缝中心表层横向应力出现了达–400MPa 的压缩应力，压缩应力深度达到约 3mm，焊态应力位置近表层横向应力为拉伸应力或较小幅值的压缩应力。

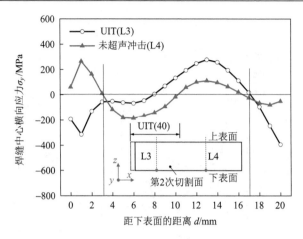

图 6-93　第 2 次切割面上 L3 和 L4 线上的横向应力

　　综合以上异种金属焊接试样的应力测试结果，可以得到以下结论：①超声冲击处理对镍基合金焊材、低合金钢和不锈钢材料都有显著降低表面焊接应力的效果，能在冲击区域内产生深度约为 2mm、峰值达到–400～–300MPa 的压缩应力层；②异种金属焊接试样的焊缝区域纵向应力为高拉伸应力，远离焊缝区域出现压缩应力与拉伸应力平衡；焊缝中心位置表层焊态横向应力为高幅值的拉伸应力；③超声冲击处理对异种金属焊接试样表层应力起作用，对内部应力影响不显著。

6.12　本 章 小 结

　　本章介绍了 11 个平板类试样内部残余应力的轮廓法测试例子。这些试样内部应力形成方法包括搅拌摩擦焊、电弧多道焊、多道焊接后补焊、线性摩擦焊、爆炸焊、爆炸焊后盖板焊、磁脉冲焊、激光选区熔化焊、超声冲击处理、火焰切割和水刀切割，试样厚度从 4mm 到 55mm 不等，试样材料也是多种多样，本章所用的轮廓法包括传统的一次切割轮廓法，也包括多次切割轮廓法，还包括轮廓法和 X 射线衍射法结合的复合测试。本章详细展示了各试样的测试过程和相关测试结果，可为同类试样的测试过程和应力分析提供参考。这些试样的应力测试应用表明，轮廓法适合各种方法形成的残余应力测试，能满足工程和科研需要。

参 考 文 献

[1] Liu C, Yi X. Residual stress measurement on AA6061-T6 aluminum alloy friction stir butt welds using contour method[J]. Materials & Design, 2013, 46: 366-371.

[2] Sutton M A, Reynolds A P, Wang D Q, et al. A study of residual stresses and microstructure in 2024-T3 aluminum friction stir butt welds[J]. Journal of Engineering Materials and Technology, 2002, 124(2): 215-221.

[3] Deplus K, Simar A, Van Haver W, et al. Residual stresses in aluminium alloy friction stir welds[J]. The International Journal of Advanced Manufacturing Technology, 2011, 56: 493-504.

[4] Liu C, Chen D J, Hill M R, et al. Effects of ultrasonic impact treatment on weld microstructure, hardness, and residual stress[J]. Materials Science and Technology, 2017, 33(14): 1601-1609.

[5] 刘川, 沈嘉斌, 陈东俊, 等. 大厚板内部焊接残余应力分布实验研究[J]. 船舶力学, 2020, 24(4): 484-491.

[6] Liu C, Yang J W, Ge Q L, et al. Mechanical properties improvement of thick multi-pass weld by layered ultrasonic impact treatment[J]. Science and Technology of Welding and Joining, 2018, 23(2): 95-104.

[7] Woo W, An G B, Em V T, et al. Through-thickness distributions of residual stresses in an 80 mm thick weld using neutron diffraction and contour method[J]. Journal of Materials Science, 2015, 50(2): 784-793.

[8] Woo W, An G B, Kingston E J, et al. Through-thickness distributions of residual stresses in two extreme heat-input thick welds: A neutron diffraction, contour method and deep hole drilling study[J]. Acta Materialia, 2013, 61(10): 3564-3574.

[9] Jiang W C, Woo W, Wan Y, et al. Evaluation of through-thickness residual stresses by neutron diffraction and finite-element method in thick weld plates[J]. Journal of Pressure Vessel Technology, 2017, 139(3): 031401.

[10] Stefanescu D, Truman C E, Smith D J. An integrated approach for measuring near-surface and subsurface residual stress in engineering components[J]. The Journal of Strain Analysis for Engineering Design, 2004, 39(5): 483-497.

[11] Liu C, Yan Y, Cheng X H, et al. Residual stress in a restrained specimen processed by post-weld ultrasonic impact treatment[J]. Science and Technology of Welding and Joining, 2019, 24(3): 193-199.

[12] Yan Y, Liu C, Wang C J, et al. Mechanical properties and stress variations in multipass welded joint of low-alloy high-strength steel after layer-by-layer ultrasonic impact treatment[J]. Journal of Materials Engineering and Performance, 2019, 28(5): 2726-2735.

[13] Liu C, Shen J B, Yan J L, et al. Experimental investigations on welding stress distribution in thick specimens after postweld heat treatment and ultrasonic impact treatment[J]. Journal of Materials Engineering and Performance, 2020, 29(3): 1820-1829.

[14] 胡章咏, 晏嘉陵, 刘川, 等. 超声冲击处理对不同强度等级钢焊接残余应力的影响[J]. 应用力学学报, 2021, 38(2): 730-737.

[15] 严益, 晏嘉陵, 刘明星, 等. 多次切割轮廓法测试局部补焊厚板内部残余应力分布[J]. 机械工程学报, 2019, 55(18): 28-35.

[16] George D, Smith D J. Through thickness measurement of residual stresses in a stainless steel

cylinder containing shallow and deep weld repairs[J]. International Journal of Pressure Vessels and Piping, 2005, 82(4): 279-287.

[17] Liu C, Dong C L. Internal residual stress measurement on linear friction welding of titanium alloy plates with contour method[J]. Transactions of Nonferrous Metals Society of China, 2014, 24(5): 1387-1392.

[18] Chi L X, Liu C, Liang S F. Study on residual stress distribution of Al/Cu dissimilar metal joint manufactured by electromagnetic pulse welding[J]. Materials Letters, 2022, 317: 132113.1.

[19] Ahmad B, van der Veen S O, Fitzpatrick M E, et al. Residual stress evaluation in selective-laser-melting additively manufactured titanium(Ti-6Al-4V) and Inconel 718 using the contour method and numerical simulation[J]. Additive Manufacturing, 2018, 22: 571-582.

第7章 非平板类试样轮廓法应力测试

对于管、T 形焊接接头、棒状试样之类的非平板状试样，轮廓法测试的过程与平板类试样有所不同，特别是试样夹持、切割面变形测试、变形轮廓数据处理方面。测试结果的表现形式和分析也和平板类试样不同。本章以镍基高温合金惯性摩擦焊接试样(管状试样)、大直径不锈钢管环焊缝试样、激光选区熔化增材制造棒状试样、T 形焊接试样和带底板电弧熔丝增材制造高强度试样为例，介绍非平板类试样轮廓法应力测试过程，同时也介绍了测试试样应力分布特征，为特殊形状试样轮廓法应力测试提供参考。

7.1 镍基高温合金惯性摩擦焊接试样残余应力测试

7.1.1 测试试样

测试试样为 FGH96 镍基高温合金惯性摩擦焊接试样，其内径为 ϕ40mm，外径为 ϕ60mm，长度为 70mm。焊接前两筒件经过热处理去除初始应力，焊后切除试样焊缝区域的飞边。焊接试样照片及尺寸如图 7-1 所示。

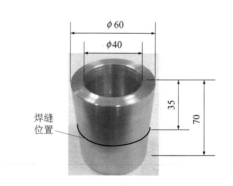

图 7-1 焊接试样照片及尺寸(单位：mm)

7.1.2 轮廓法应力测试过程

采用正交面切割轮廓法测试该试样的应力，切割面位置如图 7-2 所示。第 1 次切割获得切割面上的环向应力，第 2 次切割获得焊缝中心位置的轴向应力。第

1 次切割后，会造成第 2 次切割面上的轴向应力部分释放，因此第 2 次切割后构造的应力需要加上已经释放的应力才是原始轴向应力。正交面两次切割轮廓法应力叠加原理见第 5 章。

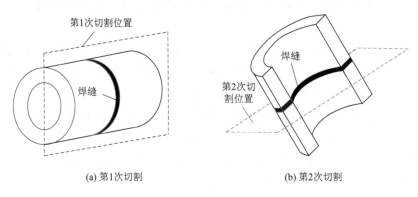

(a) 第1次切割   (b) 第2次切割

图 7-2   两次切割位置示意图

轮廓法的测试步骤如下：

（1）将焊接管件沿垂直焊缝方向采用慢走丝线切割方法切割成两半。切割时管件两侧和端面都进行夹持，切割夹持照片如图 7-3 所示。切割机床为 Sodick AQ400Ls 慢走丝线切割机，切割丝为直径 0.25mm 的铜丝，切割速度小于 0.2mm/min。

（2）采用三坐标测量机测试切割面上的法向方向变形，即环向方向变形；每一半试样上的两切割面变形轮廓在相同坐标系下测量。所用设备为思瑞 Croma 122210 三坐标测量机，测试照片如图 7-4 所示。为提高测试效率和保证焊缝区域变形测试精度，焊缝区域测试点间距细密（≤0.5mm），其他区域测试点间距稀疏（≤2mm）。

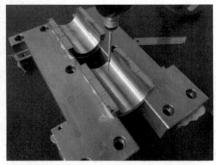

图 7-3   切割夹持   图 7-4   切割面变形轮廓测试照片

　　将两半试样切割面对应位置(图 7-5 中 A1-B1、A2-B2 切割面)轮廓测试数据进行平均，然后将平均轮廓采用三次样条函数光滑拟合，拟合后曲面如图 7-5 所示。

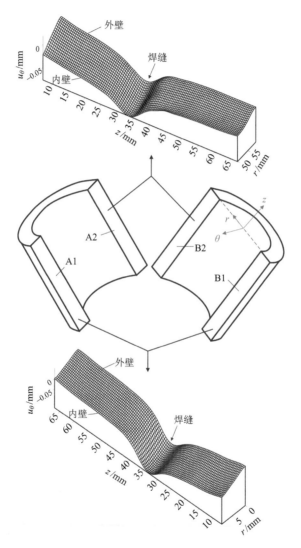

图 7-5　切割面测试轮廓经平均及光滑拟合后曲面图

　　由图 7-5 可以看出，切割后焊缝区域内壁的变形大于外壁的变形。这说明焊缝区域近内表面应力大于外表面应力。选取中等厚度位置线，比较拟合轮廓和原始测试轮廓如图 7-6 所示。从图中可以看出，光滑处理后的曲线能非常准确地反映出测试数据的幅值和变化特征。样条曲面拟合变形轮廓可用不同的结点进行拟合，然后将拟合结果和测试结果进行比较，选择能反映变形特征且使得变形光滑的结点数作为最优的结点数（结点优化方法可参考第 2 章）。

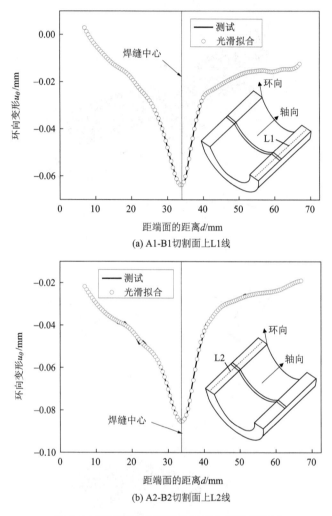

(a) A1-B1切割面上L1线

(b) A2-B2切割面上L2线

图 7-6　测试变形轮廓和光滑拟合后轮廓比较

　　(3) 以切割后的一半焊接件尺寸建立有限元模型，将步骤(2)中光滑处理后的两部分切割面轮廓数据反向后作为位移边界条件施加在有限元模型的对应切割面上，施加防止模型刚性移动和转动的附加位移边界条件，进行弹性有限元计算，就获得该焊接件切割面上的环向应力分布和部分轴向应力。材料弹性模量为211GPa，泊松比为 0.303。施加边界条件后的第 1 次切割后应力构造有限元模型如图 7-7 所示。

图 7-7　第 1 次切割后加载边界条件后的变形模型

(4) 将切割后的一半试样沿焊缝中心进行再次切割(切割面的位置示意如图 7-2 所示)，采用高精度三坐标测量机测试第 2 次切割面的轴向变形轮廓，并对测试轮廓进行平均和样条曲面光滑拟合。

(5) 以第 2 次切割后的试样尺寸建立三维有限元模型，将步骤(4)中得到的切割面轮廓光滑拟合数据反向后作为边界条件施加在模型上进行弹性计算，获得试样第 2 次切割面上的部分轴向应力(第 1 次切割释放了部分应力，故该步骤计算应力为部分轴向应力)。图 7-8 为加载边界条件后的变形模型。

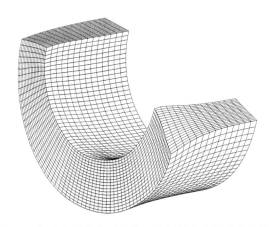

图 7-8　加载边界条件后的第 2 次切割应力构造变形模型

(6) 将步骤(3)中计算得到的焊缝中心位置轴向应力与步骤(5)中得到的切割面上垂直方向应力进行叠加，最终获得焊缝中心位置的轴向残余应力分布。

7.1.3 测试结果及分析

测试的环向应力和轴向应力结果如图 7-9 所示。从图 7-9(a)可以看出，测试的环向应力在两个切割面上分布基本一致，说明环向应力在整个环向方向分布基本一致；焊缝区域的环向应力为拉伸应力，峰值达 1000MPa 以上，接近材料的室温屈服强度(约 900MPa)；焊缝区域以外的环向应力迅速降低至压缩应力(峰值达到−600MPa)，说明惯性摩擦焊接环向应力沿轴向方向变化梯度非常大；焊缝区域内表面环向应力大于外表面应力，峰值应力出现在近内表面，说明环向应力沿厚度分布不均匀。从图 7-9(a)中也可以看出，焊缝中心两侧的应力分布不对称，这可能与惯性摩擦焊接方法的拘束不对称性相关。从图 7-9(b)中可以看出，除端面位置呈现−800∼800MPa 的较大轴向应力外(可能是切割和测试误差引起的)，其余部分的轴向应力分布在−400∼200MPa 之间，且外表面轴向应力为压应力，而内表面轴向应力为拉应力。

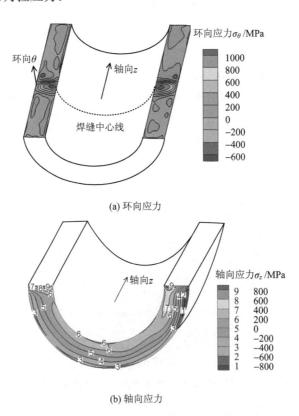

(a) 环向应力

(b) 轴向应力

图 7-9　镍基高温合金惯性摩擦焊接应力测试结果

　　选择第 1 次切割面上距外壁 0、1mm 和 2mm 深度位置三条线，画出沿该三条线上的环向应力分布见图 7-10(a)，选择第 2 次切割面上一条线，画出沿厚度变化轴向应力如图 7-10(b)所示。从图 7-10(a)可以看出，焊缝中心的环向应力为高幅值拉伸应力，焊接区外的环向应力迅速降低为压应力，焊缝区域外壁的拉伸环向应力小于距内壁 1mm 和 2mm 位置的拉伸应力，可能是轮廓法测试外壁应力的误差所致。从图 7-10(b)中可以看出，测试的轴向应力在内壁为压缩应力，外壁为拉伸应力，不考虑轮廓法测试的内外壁测试误差，轴向应力沿厚度从内壁到外壁为线性变化，如图 7-10(b)中的粗虚线所示。轮廓法测试管状试样的内外壁测试误差可以通过粘贴牺牲板方式得到改善(见第 4 章)。

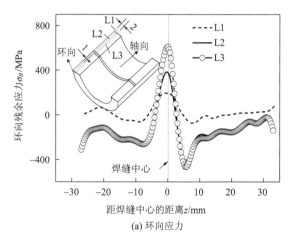

(a) 环向应力

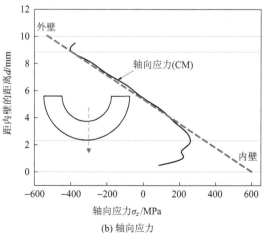

(b) 轴向应力

图 7-10　不同位置环向应力和轴向应力分布

图 7-9 和图 7-10 所示的内部应力分布特征与 Preuss 等[1]和 Karadge 等[2]采用中子衍射方法获得的镍基高温合金惯性摩擦焊接接头内部应力分布非常相似。说明轮廓法能获得惯性摩擦焊接接头内部应力的可靠结果，能反映窄小环焊缝的应力梯度。

本书作者也采用轮廓法测试了镍基高温合金惯性摩擦焊接试样（与本节介绍试样的材料、尺寸、工艺完全一致）经过热处理后的应力分布，并用小孔法测试了两个试样的表层应力，比较分析了轮廓法测试表层应力结果和小孔法测试结果的分布趋势和幅值，并比较分析了热处理对该类惯性摩擦焊接试样的影响[3]。

7.2　小尺寸惯性摩擦焊试样残余应力测试

7.2.1　测试试样

测试试样为小尺寸 FGH96 镍基合金惯性摩擦焊接接头。测试前该焊接件经过切割，只有完整管焊件的约 1/6 部分。试样的外径为 60mm，壁厚为 10mm，轴向长度为 35mm，焊缝宽度（含飞边）约为 5mm。测试试样照片及尺寸如图 7-11 所示。

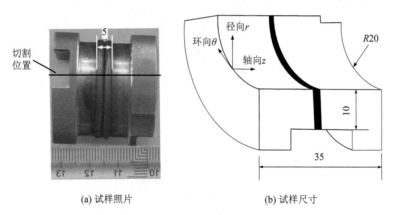

(a) 试样照片　　　　　　　　　　　(b) 试样尺寸

图 7-11　小尺寸惯性摩擦试样照片和尺寸（单位：mm）

7.2.2　轮廓法应力测试过程

首先采用慢走丝线切割机将该试样进行切割，切割面位置如图 7-11（a）所示。该试样尺寸较小，且形状不规则，轮廓法测试时需要特殊夹具进行夹持。夹持示意图和切割照片如图 7-12 所示。为图示清晰，图 7-12 中未画出紧固螺栓和试样左侧的垫块。切割丝为直径 0.25mm 的铜丝，为保证切割时不引入加工应力且能保证切割面光滑，选择切割速度为 0.15～0.2mm/min。

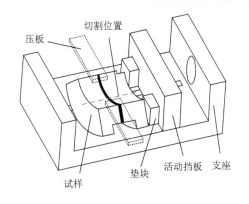

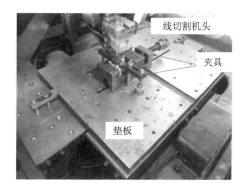

(a) 试样夹持示意图　　　　　　　　　　　　　　(b) 夹持试样切割

图 7-12　试样夹持和切割

　　切割后采用三坐标测量机测试切割面的变形轮廓。由于该试样的切割面不规则,边缘区域被夹持夹具遮挡,故轮廓测试面选择为一矩形面进行测量。测试区域示意如图 7-13 所示。图 7-13 中虚线包含区域即为轮廓测试区域,其中包含焊缝的 A 区域轮廓测试间距为 0.25mm×0.25mm,远离焊缝的 B 区域轮廓测试间距为 0.5mm×0.5mm。切割面的轮廓测试结果如图 7-14 所示。将测试轮廓数据剔除奇异点、误差点数据后进行平均,然后采用三次样条曲面进行光滑拟合处理后如图 7-15 所示。选取切割面中间位置线,将拟合轮廓和平均后的测试轮廓进行比较,如图 7-16 所示。从图 7-16 中可以看出,拟合数据能准确反映出测试轮廓的变化大小和趋势,切割面中部位置焊缝区域相对于远离焊缝区域的轮廓变化约为0.055mm。

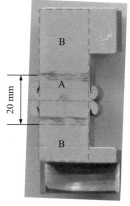

图 7-13　小尺寸惯性摩擦焊试样切割面变形测试点距示意及测试照片

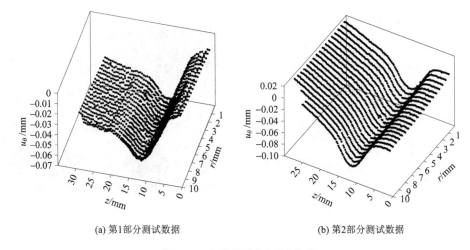

(a) 第1部分测试数据　　　　　　　　　　　(b) 第2部分测试数据

图 7-14　切割面变形测试数据

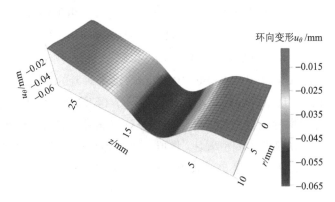

图 7-15　光滑拟合后的切割面轮廓

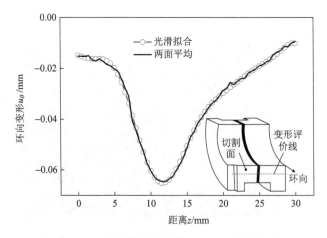

图 7-16　测量轮廓数据与光滑拟合数据比较

以切割后试样尺寸建立有限元模型，将光滑拟合后的切割面轮廓作为有限元的边界条件（反向加载），经弹性计算后就能得到垂直切割面的应力分布（即环向应力）。轮廓测试位置为矩形区域，但实际试样的切割面为非规则平面，以试样实际切割面形状建立模型，未测试轮廓的区域以相邻位置的拟合轮廓值作为边界条件。图 7-17 为加载边界条件后的有限元模型。计算时材料的弹性模量为 211GPa，泊松比为 0.303。

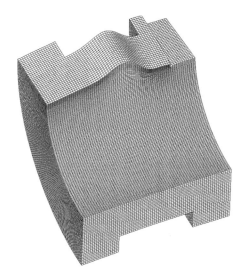

图 7-17　加载边界条件后的有限元模型（变形放大 100 倍）

7.2.3　测试结果及分析

测试得到的应力为切割面上环向应力，如图 7-18 所示。从图 7-18 可以看出，测试得到的焊缝中心环向应力峰值达到了 1200MPa 以上，达到材料室温屈服强度（1080～1210MPa）；随距焊缝中心距离的增加，环向应力迅速降低，在焊缝一侧出现了 800MPa 的压应力，而另一侧的压应力约为 200MPa。

为进一步分析该试样内部环向应力分布，选取距内壁 0、5mm 和 10mm 位置线，分析垂直焊缝方向的环向应力分布特征，该三条线上的环向应力如图 7-19 所示。从图 7-19 可以看出，焊缝中心的环向应力为非常高的拉伸应力，内壁位置（L1线）的环向应力峰值大于外壁位置（L3 线）的环向应力峰值，且管壁厚度中心位置（L2 线）的环向应力峰值最大，这说明该试样的焊缝中心位置环向应力沿厚度分布不均匀；从图 7-19 中也可看出，拉伸环向应力分布在距焊缝中心约±5mm 的区域内，远离焊缝区域的环向应力为压应力；在 5mm 距离内环向应力从高达 1000MPa

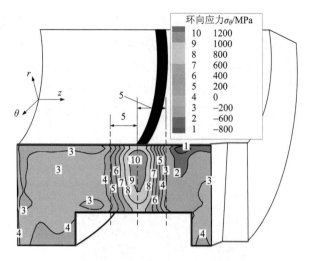

图 7-18　测试的环向应力分布

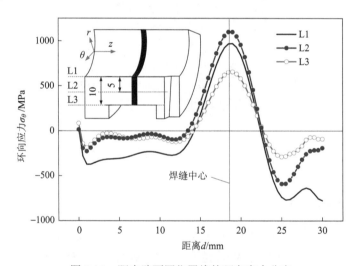

图 7-19　距内壁不同位置线的环向应力分布

以上的拉应力迅速降为 0，这说明惯性摩擦焊接的环向应力沿垂直焊缝方向变化梯度非常大，采用轮廓法能够测试小构件窄小焊缝的大梯度变化内部残余应力。从图中也可看出，远离焊缝区域，焊缝两侧的应力分布不对称，其中一侧呈现接近-800MPa 的压缩应力，而另一侧的最大压缩应力约为-400MPa。

本书作者也基于轮廓法测试结果分析了惯性摩擦焊接的焊缝两侧不对称环向应力形成原因，也分析了该试样环向应力沿厚度变化的规律[4]，本节测试结果和相关文献采用中子衍射法测试类似构件的应力结果相近，说明了轮廓法测试小尺寸窄小焊缝构件内部应力的可行性。

7.3　大直径不锈钢管环焊缝残余应力测试

7.3.1　测试试样

本节介绍的测试对象为外径 ϕ273mm、壁厚 28mm 的 316L 不锈钢管环焊缝试样。该试样焊接方法为窄间隙自动脉冲氩弧焊，试样焊接过程照片如图 7-20 所示，焊接完成后试样总长度为 360mm。该试样的坡口形式、焊接工艺、焊道顺序、材料信息在文献[5]中进行了详细介绍。

图 7-20　试样焊接过程照片

7.3.2　轮廓法应力测试过程

两次切割轮廓法的切割位置示意图如图 7-21 所示。第 1 次切割获得环向应力 σ_θ，第 2 次切割获得焊缝中心位置的轴向应力 σ_z。

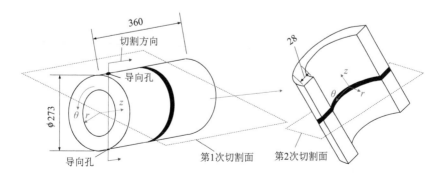

图 7-21　两次切割轮廓法切割位置示意图(单位：mm)

轮廓法测试过程介绍如下。

(1)试样切割。

试样切割前先采用电火花穿孔机加工一导向孔(距端面约 20mm 位置)。该导向孔起到切割定位和提供自拘束作用。将试样放置在专门设计的夹具中,轴向和环向进行夹持和支撑。夹具根据慢走丝线切割机床 Seibu M50B 的工作台设计和安装。导向孔加工、夹具安装、试样装夹、试样切割照片如图 7-22 所示。第 1 次切割后的试样照片如图 7-23 所示。第 2 次切割的夹持照片如图 7-24 所示。

　　(a)导向孔加工　　　　　　　　　　　　(b)试样装夹

(c)切割

图 7-22　不锈钢管环焊缝切割过程

(2)切割面变形轮廓测试。

采用海克斯康(HEXAGON GLOBAL)三坐标测量机测试切割面的变形轮廓。测试间距为 1mm×1mm。测试时在边缘区域加密测试,以最大限度获取边缘的变形特征。变形测试照片如图 7-25 所示。

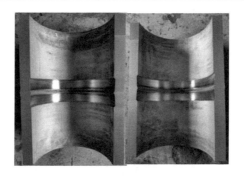

图 7-23　第 1 次切割后照片

图 7-24　第 2 次切割夹持照片

(a)第 1 次切割　　　　　　　　　　　　　　(b)第 2 次切割

图 7-25　切割面三坐标变形轮廓测试

　　管件第 1 次切割后，两半各有两个切割面，编号分别为 A1、A2、B1 和 B2(图 7-26(a))，对应各切割面测试轮廓数据如图 7-26(b)～(e)所示。从图 7-26 中可以看出，切割面的变形量在焊缝区域变化剧烈，特别是内壁焊缝区域边缘位置的波动较大，说明焊缝区域的应力变化较大。该试样焊接过程中出现了一定程度的错边，给轮廓测试造成一定困难。

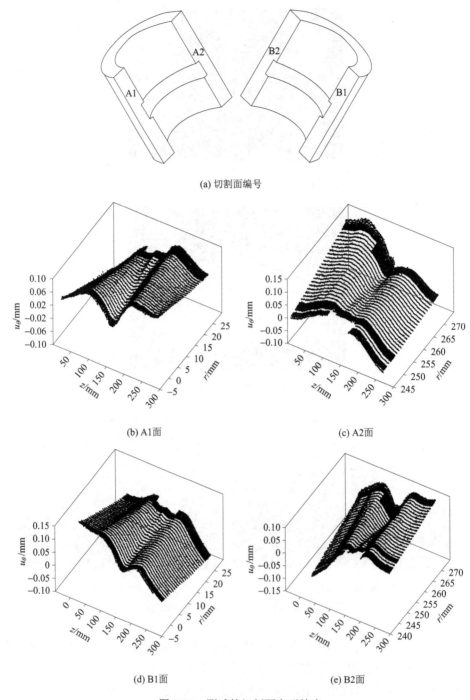

(a) 切割面编号

(b) A1面

(c) A2面

(d) B1面

(e) B2面

图 7-26　测试的切割面变形轮廓

（3）切割面轮廓数据处理及应力构造。

将试样对应的切割面测试轮廓数据进行平均、插值、光滑拟合。光滑拟合后的切割面变形轮廓如图 7-27 所示。从图中可以看出，焊缝区域和边缘位置的变形量差值约为 120μm，焊缝区域的变形剧烈。

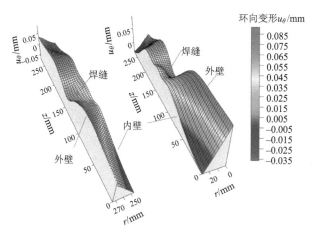

图 7-27　切割面光滑拟合后的变形轮廓

以切割后试样尺寸建立有限元模型，将光滑拟合后的切割面变形轮廓数据加载到有限元模型的切割面上，进行弹性有限元计算，获得切割面上的法向方向应力。计算时材料弹性模量为 1.98GPa，泊松比为 0.3。第 1 次切割获得原始环向应力，第 2 次切割获得切割面上剩余轴向应力，叠加因为第 1 次切割造成的释放轴向应力即可获得第 2 次切割面上的原始轴向应力。第 1 次切割和第 2 次切割构造应力的有限元模型如图 7-28 所示。

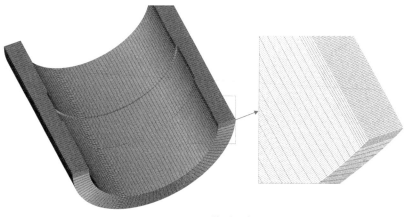

(a) 第1次切割

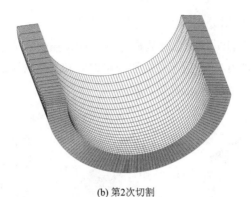

(b) 第2次切割

图 7-28　应力构造的有限元模型

7.3.3　测试结果及分析

1. 环向应力分布

第 1 次切割得到的环向应力分布如图 7-29 所示。从图中可以看出，焊缝及其邻近位置靠近外壁区域(大部分焊缝区域)的环向应力为拉伸应力，内壁附近为压缩应力，焊缝中心从外壁到内壁的环向应力为拉应力-压应力变化趋势；远离焊缝区域的环向应力为压缩应力；焊缝区的峰值环向拉伸应力达到 350MPa 左右，略超过熔敷金属的屈服强度(310~315MPa)，这是多道焊接过程造成的材料应变硬化效应。端部内壁附近为较小幅值的拉伸应力，外壁附近为压缩应力。从图 7-29 中也可以看出，0°位置和 180°位置的环向应力分布趋势基本一致。

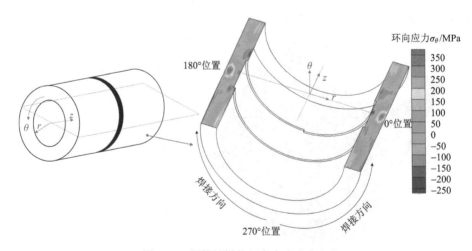

图 7-29　焊接试样的环向应力分布(σ_θ)

选择第 1 次切割面上焊缝中心位置(图 7-30 中 LM-1 线和 LM-2 线)和热影响区位置线(图 7-30 中 LH-1 线和 LH-2 线)，该四条线上的环向应力分布如图 7-31 所示。

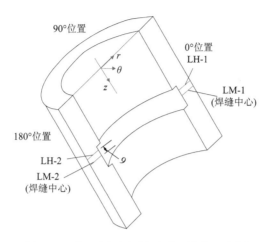

图 7-30　第 1 次切割面上应力评价线示意图

焊缝中心的环向应力从外壁到内壁的分布趋势为拉应力-压应力(图 7-31(a))，峰值拉应力出现在距外壁表面 6～8mm 深度(约 350MPa，出现在 70%～80%壁厚位置，焊缝中心壁厚为 25mm)，峰值压缩应力(约–180MPa)出现在距内壁 2mm深度(8%壁厚位置)；热影响区的环向应力分布趋势(图 7-31(b))与焊缝中心位置一致；0°位置和 180°位置环向应力沿厚度分布变化趋势也基本一致。

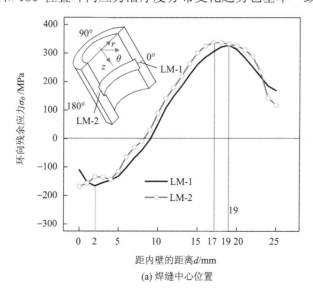

(a) 焊缝中心位置

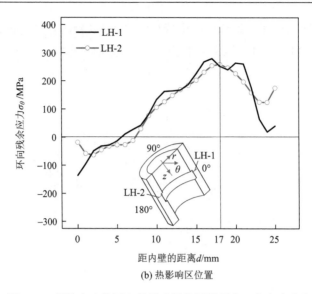

(b) 热影响区位置

图 7-31　焊缝中心位置和热影响区位置沿厚度环向应力分布

2. 焊缝中心位置的轴向应力

叠加第 1 次切割造成的轴向应力释放后，环焊缝第 2 次切割得到的焊缝中心轴向应力分布如图 7-32 所示。从图中可以看出，焊缝中心位置轴向应力从内壁到外壁的分布大致为拉应力—压应力—拉应力—压应力分布，最大拉伸应力约为 300MPa，出现在距外壁一定深度位置。

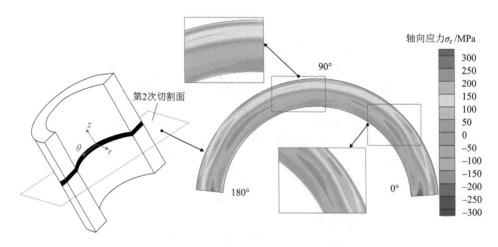

图 7-32　焊缝中心位置的轴向应力分布

　　为进一步分析焊缝中心位置的轴向应力分布，选择第 2 次切割面上的 5 条线（图 7-33(a)），作出沿该 5 条线上的应力分布图，如图 7-33(b)所示。

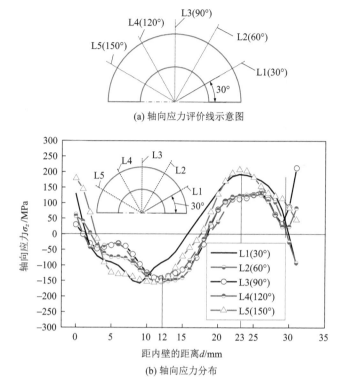

(a) 轴向应力评价线示意图

(b) 轴向应力分布

图 7-33　轴向应力评价线及轴向应力分布

　　由于余高和根部焊道的挤出，焊缝中心位置的厚度达到 31mm。从图 7-33(b)可以看出，焊缝中心各位置沿厚度的轴向应力分布趋势基本一致，从内壁到外壁大致呈现拉应力—压应力—拉应力—拉应力分布趋势；其中 90°位置和 120°位置线在距外壁 1mm 位置出现突变，这是由于该 90°～120°区域是焊接多次熄弧位置（焊接结束位置），该区域表层应力畸变。各条线的最大轴向拉应力出现在距外壁8mm 深度(74%壁厚位置)，达到 200MPa；最大压应力出现在距内壁 12mm 深度左右(39%壁厚位置)，约为–150MPa。

3. 第 1 次切割对环焊缝中心轴向应力的影响

　　根据轮廓法原理，第 1 次切割后，切割面的环向变形用于得到切割面上的环向应力，也同时得到部分释放的轴向应力。切割面上的轴向应力完全释放，远离切割面位置的轴向应力部分释放。构造环向应力时，可以得到各位置释放的轴向应力。第 1 次切割造成的焊缝中心位置释放的轴向应力分布如图 7-34 所示。从图中可以看出，除第 1 次切割面位置附近释放的轴向应力较大（100～200MPa，深度约 2mm）外，焊缝中心其余位置释放的轴向应力较小（−50～50MPa）。考虑到轮廓法的测试误差（约 30MPa），可以认为第 1 次切割后，焊缝中心位置的轴向应力释放不大。

选择第 2 次切割面上的两条线（图 7-33 中的 L3 线和 L1 线），作出这两条线上叠加释放轴向应力和不叠加释放轴向应力结果比较图，如图 7-35 所示。从图中可以看出，叠加和不叠加释放应力，沿两条线上的轴向应力分布几乎一致，说明第 1 次切割对焊缝中心位置的轴向应力影响不大。该管件轴向尺寸较大，经第 1 次切割后，轴向方向拘束仍足够大，因此能保持原始轴向应力几乎不变化。

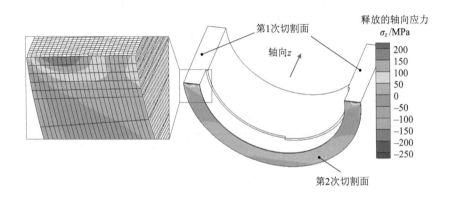

图 7-34　第 1 次切割造成焊缝中心位置释放的轴向应力

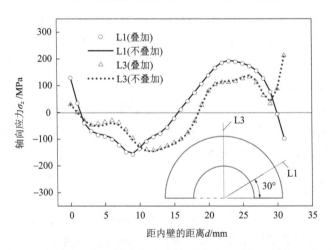

图 7-35　焊缝中心位置轴向应力比较（叠加与不叠加释放应力情况）

本书作者还采用轮廓法测试了大直径不锈钢环焊缝经超声冲击处理后的应力分布[6]，测试了不锈钢管环焊缝表面堆焊镍基合金后的应力状态[7]，研究了超声冲击处理对不锈钢管环焊缝影响，超声冲击处理对镍基合金堆焊层应力影响，进一步验证了轮廓法用于大直径管件内部应力测试的适应性。

7.4 T形焊接试样残余应力测试

7.4.1 测试试样

测试对象为 16Mn 钢 T 形焊接试样，焊接方法为机器人二氧化碳气体保护焊，翼板尺寸为 200mm×300mm×16mm，腹板尺寸为 200mm×200mm×20mm。采用两道焊接将腹板和翼板连接在一起，焊接电流为 210A，电压为 26V，焊接速度为20cm/min，两道焊接的焊接参数一致。图 7-36 为该 T 形焊接试样照片。

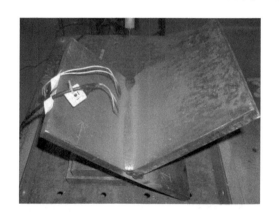

图 7-36   测试的 T 形焊接试样

7.4.2 轮廓法应力测试过程

采用高精度的慢走丝线切割机(Sodick AQ360Ls)沿垂直焊缝方向将试样从中部切割成两半，平均切割速度约为 1mm/min，切割丝为直径 0.15mm 的铜丝。切割时，试样采用支撑板、压板或压块夹持，以保证变形只是发生在切割面。夹持方式示意如图 7-37 所示。为图示清晰，图 7-37 中只画出一侧的支撑板。

切割完后采用三坐标测量机(HEXAGON GLOBAL)测量切割面的表面变形轮廓，测试点间距为 1mm×1mm。切割面轮廓测试照片如图 7-38 所示。

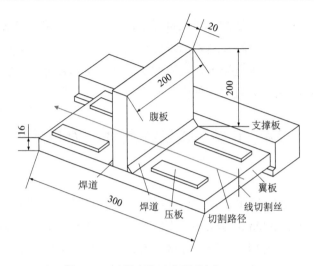

图 7-37 试样夹持示意图（单位：mm）

图 7-38 T 形接头轮廓测试照片

变形轮廓测试完成后，将两面变形轮廓进行剔除奇异点、两面校准、插值、平均和光滑拟合。由于 T 形结构特殊的形貌，需要对测得的数据进行分区域拟合，并保证各区域之间的曲面光滑过渡。该 T 形试样光滑拟合后的切割面变形轮廓如图 7-39 所示。该试样切割到腹板位置时出现断丝现象，图 7-39 中标示的 A 区域是线切割断丝区域，相对于另一侧的变形轮廓，断丝区域的轮廓出现了凹坑。

应力构造时采用切割后一半尺寸建立有限元模型，然后将光滑拟合后的切割面变形数据作为边界条件施加在有限元模型中进行弹性计算。建立的有限元模型如图 7-40 所示。

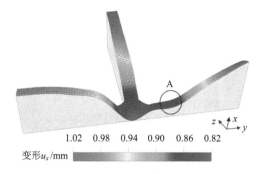

1.02　0.98　0.94　0.90　0.86　0.82

变形u_x/mm

图 7-39　拟合的 T 形接头切割面轮廓

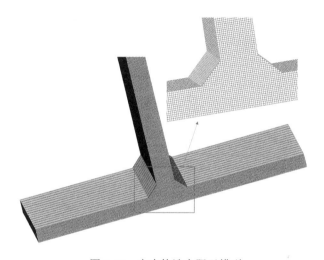

图 7-40　应力构造有限元模型

7.4.3　测试结果及分析

　　该 T 形焊接试样轮廓法测试获得的应力为纵向应力(即焊接方向应力,x 方向应力),如图 7-41 所示。本节也开展了热弹塑性有限元法计算该 T 形焊接试样的残余应力分布,与轮廓法测试结果比较如图 7-41 所示。

　　从图 7-41 中可以看出,轮廓法测得的纵向应力和热弹塑性有限元计算的应力分布非常接近,焊缝区域出现较大的拉应力,而远离焊缝区域为较大的压应力。但图中的 A 区域,热弹塑性有限元计算为压缩应力,而轮廓法测得为较小拉应力,这是由于切割过程断丝造成切割面变形轮廓出现凹坑所致。

　　选取热弹塑性有限元模型中截面(轮廓法切割面)上 2 条线(图 7-42 所示的 L1线和 L2 线),比较两种方法得到的应力分布如图 7-43 所示。

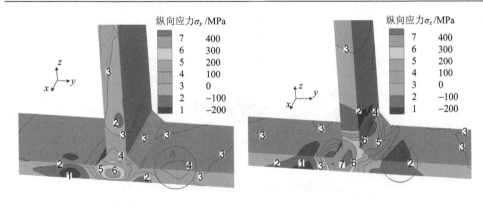

(a) 轮廓法测试　　　　　　　　　　　　(b) 热弹塑性有限元法计算

图 7-41　测试纵向应力(x 方向应力)和热弹塑性有限元计算结果比较

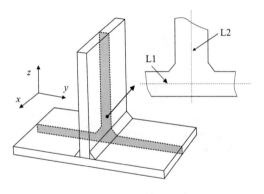

图 7-42　应力评价线示意图

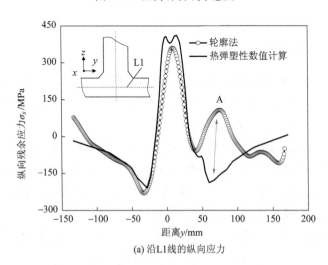

(a) 沿L1线的纵向应力

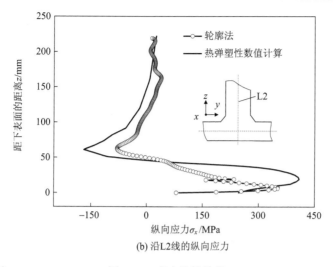

(b) 沿L2线的纵向应力

图 7-43 应力比较结果

从图 7-43(a)中可以看出，在切割断丝区域轮廓法测试结果出现了较大拉应力，应力出现突变(图中标示 A 位置)；不考虑断丝区域的应力突变，两种方法得到的翼板中部的纵向应力分布趋势和大小都非常接近。因此轮廓法特别适合测量厚度较大的试样内部应力。可采用小孔法或 X 射线衍射法等方法测试表层应力，结合轮廓法测试可以准确得到整个结构的表层和内部应力分布。从图 7-43(b)中可以看出，轮廓法和热弹塑性有限元法计算的内部应力大小和分布趋势都符合较好。

本书作者在文献[8]中还采用了小孔法测试该 T 形焊接试样的表面应力，并和轮廓法测试结果比较，分析认为轮廓法造成表层 2mm 深度的应力测试结果误差较大。因此，将表面及表层应力测试技术与轮廓法测试结合可完整且准确获得试样从表面到内部的应力分布。

7.5 激光选区熔化增材制造棒状试样残余应力测试

7.5.1 测试试样

采用轮廓法测试激光选区熔化(SLM)增材制造的 Ti6Al4V 钛合金圆棒状试样的内部应力，试样直径为 16mm、长度为 70mm，如图 7-44 所示。该试样使用德国 EOS 公司的 EOS-M280 型激光选区熔化设备，材料为粒度分布范围 15~53μm 的气雾化球形粉末。成形前将合金粉末置于真空干燥箱内烘干。成形过程中以体积分数为 99.99%的氩气作为保护气体，成形激光功率为 260~300W，扫描速率为 1000～1400mm/s，扫描间距为 0.11mm，铺粉层厚度为 0.03mm。激光采用"Z"字形扫描方式，层间扫描方向旋转 67°。该试样也采用 XRD 测试了表面应力。本节研究两种改善轮廓法表面应力测试误差的方法：一种方法是给试样用导电胶粘贴牺牲块，将表层切割和测试误差转移到牺牲块上；一种方法是结合内部较准确的轮廓法测试应力和表面 XRD 测试应力，利用本征应变法重新构造切割面上的应力分布全貌，从而获得修正测试误差后的表层应力。

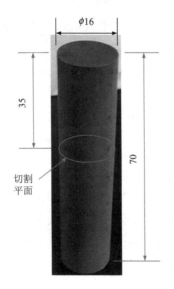

图 7-44　SLM 增材制造 Ti6Al4V 试样（单位：mm）

7.5.2　轮廓法应力测试过程

将试样夹持后，沿中等长度位置用慢走丝线切割机切割成两半，切割位置见图 7-44。所用的线切割机为 Seibu M50B，切割丝为直径 0.25mm 的铜丝，切割速度约为 0.3mm/min；最后以切割后试样尺寸建立有限元模型，将光滑处理后的变形数据作为边界条件施加到有限元模型上进行弹性分析，获得切割面上的轴向应力分布，即为切割前的原始应力。

本节测试了两个试样的应力，该两个试样的尺寸一致，所采用的制造参数一致。其中一个试样按照常规轮廓法测试（试样 1），不采用任何减少表层测试误差措施。另一个试样的切割位置外面用导电胶粘贴两个钢块（试样 2），这样整个试样的切割区域由圆棒状变成矩形，整个切割厚度一致（图 7-45）。图 7-46 为两个试样切割后的截面及轮廓法测试照片。圆棒的切割和测试位移误差就转移到钢块上，所粘贴的钢块也叫牺牲块。但是钢块、导电胶和试样的电导率不同，钢块和试样的粘贴紧密度影响切割质量，容易造成断丝，形成切割痕（图 7-46(b)）。

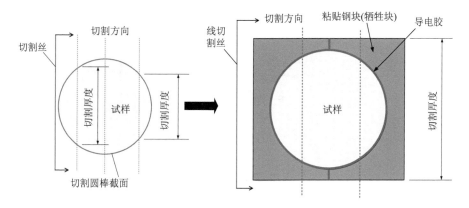

图 7-45   棒状试样粘贴牺牲块前后的切割厚度变化示意

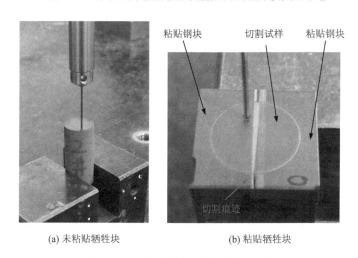

(a) 未粘贴牺牲块   (b) 粘贴牺牲块

图 7-46   两个试样切割截面和变形测试

切割面变形轮廓法测试采用蔡司三坐标测量机测试切割面的变形轮廓，在两个方向上(径向和环向)的测试间距为 0.25mm。将两个面的测试结果剔除奇异数值后进行平均和光滑处理。粘贴牺牲块试样，仅测试牺牲块上部分变形(试样外约 1mm)，数据处理时将牺牲块上测试的数据剔除。数据处理时将粘贴套块试样明显切割痕迹位置的变形数据剔除，并采用插值和光滑拟合函数补齐该位置的数据点。图 7-47 为两个试样的变形轮廓。从图中可以看出，粘贴牺牲块试样的边缘变形明显小于无牺牲块试样,说明粘贴牺牲块可减小棒状试样边缘部分的切割误差。

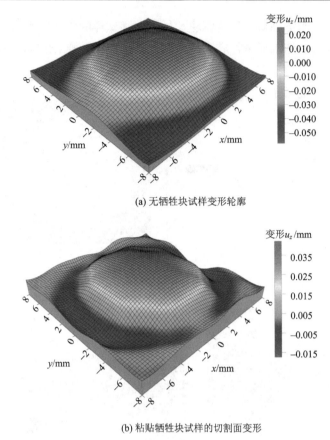

(a) 无牺牲块试样变形轮廓

(b) 粘贴牺牲块试样的切割面变形

图 7-47　测试的切割面变形轮廓

　　以切割后的试样尺寸建立有限元模型(粘贴牺牲块试样的牺牲块不包含在模型中)，将拟合后的变形数据作为边界条件施加到有限元模型的切割面上，然后进行弹性计算。所用的材料弹性模量为 105GPa，泊松比为 0.342。建立的有限元模型如图 7-48 所示。

　　本节也采用本征应变法基于部分轮廓法应力测试结果构造试样 1(无牺牲块，按照常规轮廓法测试的试样)的应力分布，从而改善表层应力的测试误差。本征应变法修正思想见第 4 章。将轮廓法测试的内部 0～7.2mm 直径范围内轴向应力数据作为已知的试验数据组 t_q，此外，将 X 射线衍射法测试的表面应力也作为已知数据，反求引起轴向应力(z 方向应力)的本征应变分布。用于本征应变分布构造的应力数据示意图如图 7-49 所示。

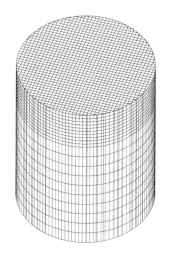

图 7-48　建立的有限元模型

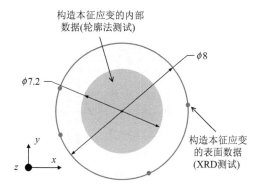

图 7-49　用于构造本征应变分布的试验数据示意图(单位：mm)

7.5.3　测试结果及分析

本节选用切比雪夫多项式作为轴向和环向的本征应变基函数。高阶多项式能获得与试验数据接近的构造数据，但会造成计算时间冗长。因此所用多项式的阶数需要优化，经过优化后的本征应变基函数的函数阶数为 10 阶(本书作者在文献[9]中介绍了不同阶数本征应变函数构造的应力结果，最终确定 10 阶为最优的基函数阶数)，所选用的两个方向本征应变基函数的阶数一致。

采用轮廓法测试的两个试样的轴向应力及本征应变法修正应力如图 7-50 所示。轮廓法测试的应力为垂直切割面方向，即轴向应力 σ_z。

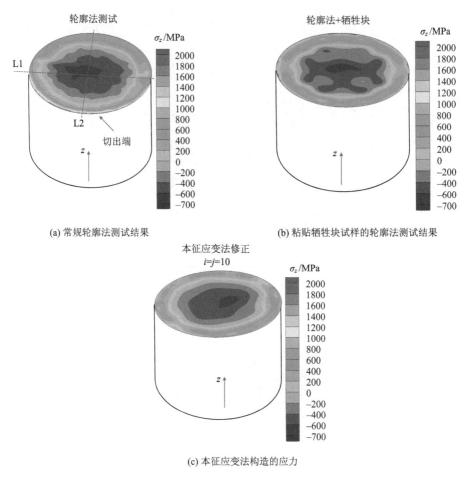

(a) 常规轮廓法测试结果　　　　　　　　(b) 粘贴牺牲块试样的轮廓法测试结果

(c) 本征应变法构造的应力

图 7-50　切割面上的轴向残余应力分布

　　从图 7-50(a)中可以看出，试样切出端出现了非常大的拉伸应力，峰值应力超过了 2000MPa，远大于试样材料的屈服强度(Ti6Al4V 合金经 SLM 制造后的屈服强度大致为 1000MPa)。X 射线衍射法测试的表面应力为 80~110MPa(平均值为 85MPa)。因此轮廓法测试圆棒状试样会在表层出现非常大的测试误差。图 7-50(b)为粘贴牺牲块试样测试的应力分布，从图中可以看出，相对表层区域的应力，表面拉伸应力出现了显著下降，出现低幅值的拉伸应力。说明粘贴牺牲块方式能改善轮廓法表层及表面应力测试的位移误差。图 7-50(c)为采用 10 阶切比雪夫多项式作为本征应变函数构造的应力分布，从图中可以看出，采用本征应变方法获得的表面应力分布范围在0~100MPa，与X射线衍射法测试的结果符合较好。说明本征应变法能够修正轮廓法测试的表面误差。从图 7-50 中可以看出，三种方法获得 SLM 增材制造钛合金试样的内部应力分布趋势一致,内部大部分区域为压缩轴向应力,峰值应力达到–700MPa 左右。

选择切割面上两条线(图 7-50(a)中的 L1 和 L2 线),绘制出该两条线上的应力分布如图 7-51 所示。从图中可以看出,三种方法(常规轮廓法、轮廓法+牺牲块、本征应变法)获得的内部应力分布非常接近。距中心 0~5.8mm 半径范围内为压缩应力,且峰值应力达到–700MPa。但三种方法获得的表面层(大约距表面 0~0.5mm深度)应力差异很大。本征应变方法和粘贴牺牲块方法获得的表面应力显著降低,粘贴牺牲块方法测试的表面应力为压缩应力或者小幅值拉伸应力,本征应变方法

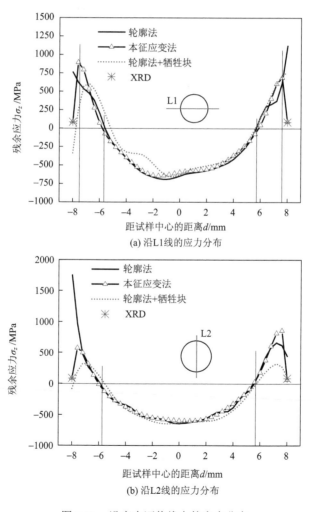

(a) 沿L1线的应力分布

(b) 沿L2线的应力分布

图 7-51 沿应力评价线上的应力分布

得到的表面应力结果与 XRD 测试结果更接近；说明本征应变方法能更有效地改善轮廓法的表面测试误差。粘贴牺牲块方法所用导电胶、牺牲块和试样的电导率差异影响切割质量，牺牲块和试样的紧密度也容易造成断丝，从而引起新的位移误差(如图 7-46 所示切割丝断丝造成的表面割痕)。

7.6 电弧熔丝增材制造高强钢试样残余应力测试

7.6.1 测试试样

采用埋弧焊方法在 Q345 钢基板上(325mm×130mm×24mm)增材制造出尺寸为 325mm×62mm×60mm 的高强钢试样。所用的高强钢焊丝直径为 4.0mm，增材制造后材料的屈服强度为 605MPa，抗拉强度为 711MPa。测试试样的尺寸如图 7-52(a)所示，试样照片及截面形貌如图 7-52(b)和(c)所示。该试样的制造工艺、所用材料信息详见文献[10]。

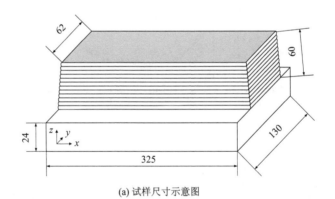

(a) 试样尺寸示意图

(b) 试样照片

(c) 试样截面形貌

图 7-52 试样尺寸、试样照片及试样截面形貌

7.6.2　轮廓法应力测试过程

采用两次切割轮廓法测试试样的纵向应力和横向应力。切割面位置示意图如图 7-53 所示。试样测试时连同底板也进行了切割，可以分析增材层和底板之间的应力分布。第 1 次切割获得纵向应力 σ_x，第 2 次切割获得横向应力分布 σ_y。第 1 次切割会造成应力重分布，因此第 2 次切割测试的应力是重分布后的应力，需要叠加第 1 次切割造成的释放应力。

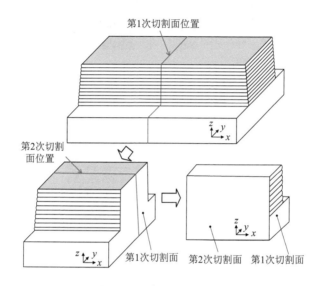

图 7-53　切割面位置示意图

采用的线切割机为 Seibu M50B 慢走丝线切割机，切割速度约为 0.15mm/min，切割时试样刚性夹持。切割完成后，采用蔡司（ZEISS CONTURA G2）三坐标测量机进行测量，测量间距为 1mm×1mm。试样夹持切割和三坐标测试照片如图 7-54 所示。

将测试的变形轮廓数据进行插值平均和光滑拟合后，作为有限元计算的边界条件进行弹性计算，获得切割面上的应力分布。加载位移边界条件后的变形有限元模型如图 7-55 所示。

(a) 试样夹持切割   (b) 三坐标变形测试

图 7-54   试样夹持切割和表面变形三坐标测试

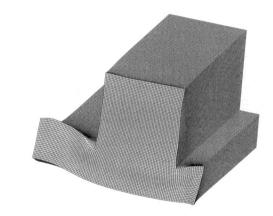

(a) 第1次切割

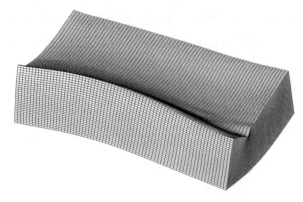

(b) 第2次切割

图 7-55   加载变形轮廓后的变形有限元模型(变形放大 100 倍)

7.6.3　测试结果及分析

两次切割轮廓法测试该增材制造高强钢试样的应力结果如图 7-56 所示。第 2 次切割面上的横向应力为叠加了第 1 次切割造成的应力释放。

从图 7-56(a)中可以看出，基板和增材层之间出现了较大幅值的纵向拉应力，峰值达到约 600MPa，出现在增材层和基板交接位置；基板底部的纵向应力为拉伸应力，上部远离增材层区域出现压缩应力；增材层中部区域整体为–200～0MPa 的纵向压缩应力，顶部表层纵向应力也为压缩应力，表层以下几个毫米区域出现拉伸应力。从图 7-56(b)可以看出，基板底部横向应力为较大幅值的拉伸应力(峰值应力达到 600MPa 左右)，增材层中部为压缩应力，表层出现 100～200MPa 的拉伸应力。整个增材试样在两次切割面上的横向应力和纵向应力的分布是平衡的(拉应力和压应力平衡分布)。

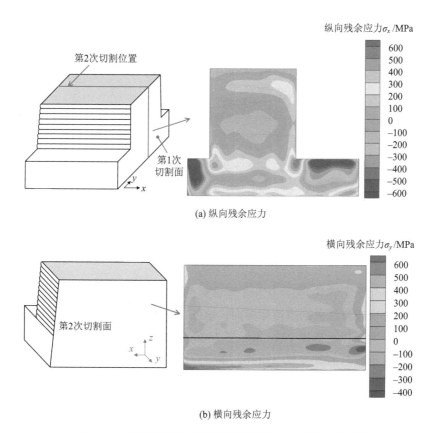

(a) 纵向残余应力

(b) 横向残余应力

图 7-56　测试的增材制造高强钢试样横向和纵向应力分布

　　选择切割面上中等宽度位置线，作出该线上的纵向应力和横向应力分布图，如图 7-57 所示。从图 7-57 中可以看出，该试样的总体应力分布趋势为：增材层中部区域横向应力和纵向应力都为压缩应力，表层约 20mm 深度出现横向拉伸应力，表层 4mm 深度的纵向应力为压缩应力，约 4～20mm 深度出现纵向拉伸应力；增材层和基板界面区域的纵向应力从增材层压应力到基板拉应力变化剧烈；基板出现较大幅值的纵向拉伸应力和横向应力。该电弧增材制造高强钢内部应力分布与文献[11]中有限元方法计算的电弧增材制造铝合金应力以及文献[12]中采用轮廓法测试的电弧增材制造钛合金试样的应力分布相似。

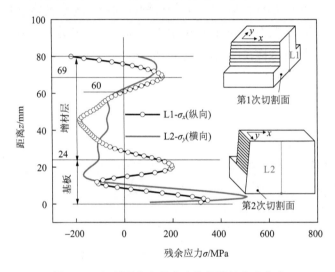

图 7-57　切割面上中等宽度位置线的应力分布

7.7　本 章 小 结

　　本章详细介绍了管状、圆棒状和 T 形试样的轮廓法应力测试过程和测试结果，试样残余应力形成方法包括惯性摩擦焊、电弧焊、激光选区熔化增材制造和电弧增材制造；最大试样为直径 273mm、长 360mm 的管环焊缝，最小试样是 60mm 直径管的 1/6 部分，且长度仅 35mm。重点介绍了这些非平板试样的切割夹持方式和数据处理过程，也详细分析了各试样的残余应力测试结果，为特殊形状试样的轮廓法测试和应力分析提供参考。

参 考 文 献

[1] Preuss M, Withers P J, Pang J, et al. Inertia welding nickel-based superalloy: Part II. Residual stress characterization[J]. Metallurgical and Materials Transactions: A, 2002, 33(10): 3227-3234.

[2] Karadge M, Grant B, Withers P J. Thermal relaxation of residual stresses in nickel-based superalloy inertia friction welds[J]. Metallurgical and Materials Transactions: A, 2011, 42(8): 2301-2311.

[3] Liu C, Zhu H Y, Dong C L. Internal residual stress measurement on inertia friction welding of nickel-based superalloy[J]. Science and Technology of Welding and Joining, 2014, 19(5): 408-415.

[4] 董春林, 刘川. 基于轮廓法测试镍基高温合金惯性摩擦焊接头内部残余应力[J]. 稀有金属材料与工程, 2014, 43(3): 605-609.

[5] Liu C, Wang J F, Wang S, et al. Experimental investigation on residual stress distribution in an engineering-scale pipe girth weld[J]. Science and Technology of Welding and Joining, 2021, 26(1): 28-36.

[6] Liu C, Lin C H, Liu W H, et al. Effects of local ultrasonic impact treatment on residual stress in an engineering-scale stainless steel pipe girth weld[J]. International Journal of Pressure Vessels and Piping, 2021, 192: 104420.

[7] Liu C, Chen Y F, Xiao H, et al. Experimental investigation on residual stress distribution in an austenitic stainless steel weld overlay pipe after local ultrasonic impact treatment[J]. Welding in the World, 2023, 67: 753-764.

[8] 刘川, 庄栋. 基于轮廓法测试焊接件内部残余应力[J]. 机械工程学报, 2012, 48(8): 54-59.

[9] Liu C, Zhang J. Stress measurement and correction with contour method for additively manufactured round-rod specimen[J]. Science and Technology of Welding and Joining, 2022, 27(3): 213-219.

[10] Yuan Q, Liu C, Wang W R, et al. Residual stress distribution in a large specimen fabricated by wire-arc additive manufacturing[J]. Science and Technology of Welding and Joining, 2023, 28(2): 137-144.

[11] Sun J M, Hensel J, Köhler M, et al. Residual stress in wire and arc additively manufactured aluminum components[J]. Journal of Manufacturing Processes, 2021, 65: 97-111.

[12] Martina F, Roy M J, Szost B A, et al. Residual stress of as-deposited and rolled wire +arc additive manufacturing Ti-6Al-4V components[J]. Materials Science and Technology, 2016, 32(14): 1439-1448.